机电专业"十三五"规划教材

西门子可编程控制器应用技术

主　编　穆亚辉　孙艳芬　杨一平
副主编　张亮亮　寇继磊　张军伟
主　审　杨文强　楚一民

U0222286

哈尔滨工程大学出版社
Harbin Engineering University Press

内容简介

本书从工学结合的角度出发，以基于工作过程的学习情境为框架，以我国目前广泛应用的西门子公司的 S7—200 产品和 V4.0 编程软件为例，突出应用性和实践性，介绍了小型可编程控制器的基础知识。

本书既可作为应用型本科、高职高专院校机电类专业课程的教材，也可供成人高校、企业生产技术人员和其他电工爱好者学习和参考。

图书在版编目（CIP）数据

西门子可编程控制器应用技术 / 穆亚辉，孙艳芬，杨一平主编. -- 哈尔滨 ：哈尔滨工程大学出版社，2018.12（2023.8 重印）

机电专业"十三五"规划教材

ISBN 978-7-5661-2166-0

Ⅰ. ①西… Ⅱ. ①穆… ②孙… ③杨… Ⅲ. ①可编程序控制器－高等学校－教材 Ⅳ. ①TM571.61

中国版本图书馆 CIP 数据核字（2018）第 285812 号

选题策划　章银武
责任编辑　张　彦
封面设计　赵俊红

出版发行　哈尔滨工程大学出版社
社　　址　哈尔滨市南岗区南通大街 145 号
邮政编码　150001
发行电话　0451-82519328
传　　真　0451-82519699
经　　销　新华书店
印　　刷　玖龙（天津）印刷有限公司
开　　本　787 mm×1 092 mm　　1/16
印　　张　16
字　　数　410 千字
版　　次　2018 年 12 月第 1 版
印　　次　2023 年 8 月第 2 次印刷
定　　价　48.00 元

http：//www.hrbeupress.com
E-mail：heupress@hrbeu.edu.cn

前　言

可编程控制器是以微处理器为核心，将微型计算机技术、自动化技术及通信技术融为一体的一种新型的高可靠性的工业自动化控制装置。它具有控制能力强、可靠性高、配置灵活、编程简单、使用方便、易于扩展等优点，被广泛地应用在各种控制中，正在迅速地改变着工厂自动化的面貌和进程，成为当今及今后工业控制的主要手段和重要的自动化控制设备。因此专家认为，可编程控制器技术、计算辅助设计/计算机辅助制造以及机器人技术，将成为工业生产自动化的三大支柱。

为大力普及可编程控制器的应用，本书从工学结合的角度出发，以基于工作过程的学习情境为框架，以我国目前广泛应用的西门子公司的 S7-200 产品和 V4.0 编程软件为例，突出应用性和实践性，介绍了小型可编程控制器的基础知识；以技术技能应用型人才培养目标为依据，吸收了德国高职教材的优点，注重技能培养，打破了此类书籍的纯技术手册或纯理论的模式；结合了一些深入浅出的工程实例，了解可编程控制器技术的综合应用。

本书共 12 个项目。其中项目 1 通过电机点动控制介绍了可编程控制器，项目 2 到项目 9 主要介绍了可编程控制器的基础知识与数字量控制有关的指令和梯形图的设计方法；项目 10 介绍了步进电机的可编程控制器控制；项目 11 介绍了可编程控制器的模拟量控制；项目 12 介绍了可编程控制器的通信方式和通信程序的设计方法。本书在章节中穿插介绍了可编程控制器控制系统的设计与调试步骤、提高可编程控制器控制系统可靠性的措施、节省可编程控制器输入/输出点数的方法。

本书由许昌职业技术学院的穆亚辉、常州机电职业技术学院的孙艳芬和许昌职业技术学院的杨一平担任主编，由许昌职业技术学院的张亮亮、寇继磊和许昌中意电气科技有限公司的张军伟担任副主编。其中，穆亚辉编写了项目 1、项目 2、附录一和附录二，孙艳芬编写了项目 5 和项目 11，杨一平编写了项目 9 和项目 12，张亮亮编写了项目 8 和项目 10；寇继磊编写了项目 4、项目 6 和项目 7；张军伟编写了项目 3。杨文强和楚一民教授担任本书的主审，对书稿进行了认真、负责、全面地审阅。在本书编写过程中，还得到了许昌中意电气科技有限公司的大力帮助，另外西门子（中国）有限公司也提供了大量资料和相关技术支持，谨在此表示衷心的感谢。本书的相关资料和售后服务可扫封底微信二维码或通过登录 www.bjzzwh.com 获得。

因作者水平有限，时间仓促，书中难免有错漏不妥之处，恳请读者批评指正。

编　者

前　言

目　　录

项目 1
音乐喷泉点动的 PLC 控制

知识目标

- 了解 PLC 的种类及类型；
- 了解 PLC 的结构与工作原理；
- 了解 PLC 输入输出端口电路；
- 理解 PLC 的 LD、OUT 指令。

能力目标

- 会使用 PLC 编程软件；
- 能绘制电机点动控制的 I/O 接线图；
- 能编写并调试电机点动控制程序。

1.1 任务导入

在车床拖板箱快速电动机控制、电葫芦控制以及故障检修中的试运行过程中经常会用到电动机的点动控制，如图 1-1 所示为广场上音乐喷泉的控制图，其控制要求为：

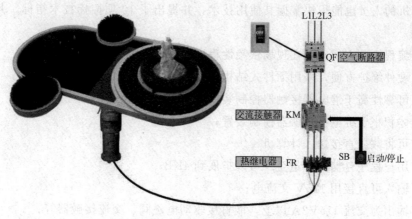

图 1-1 音乐喷泉的控制

按住点动按钮 SB，电动机运行；松开点动按钮 SB，电动机停止运行。试用本节课内容对电动机点动控制的继电器控制线路进行 PLC 改造。

1.2 任务分析

在电动机点动控制的继电器线路中，断路器 QF，熔断器 FU，接触器主触点 KM 以及电动机组成主回路；由启动按钮 SB，接触器线圈组成控制回路。而 PLC 的改造主要针对控制回路，利用程序结构的逻辑关系完成相同的控制任务。

与本项目相关的知识分别为：PLC 的基础知识，STEP7-Micro WIN V4.0 编程软件的应用，以及简单编程指令与编程规则等。

1.3 知识链接

1.3.1 PLC 简介

1. PLC 产生

在可编程序控制器问世以前，工业控制领域中是以继电器控制占主导地位的。对生产工艺多变的系统适应性差，一旦生产任务和工艺发生变化，就必须重新设计，并改变硬件结构。

1968 年，美国通用汽车公司（GM 公司）提出要用一种新型的工业控制器取代继电器接触器控制装置，并要求把计算机控制的优点（功能完备，灵活性、通用性好）和继电器接触器控制的优点（简单易懂、使用方便、价格便宜）结合起来，设想将继电接触器控制的硬接线逻辑转变为计算机的软件逻辑编程，且要求编程简单、使得不熟悉计算机的人员也能很快掌握其使用技术，并提出了 10 项招标技术指标。其主要内容如下：

（1）编程简单方便，可在现场依赖性程序；

（2）硬件维护方便，采用插件式结构；

（3）可靠性高于继电器接触器控制装置；

（4）体积小于继电器接触器控制装置；

（5）可将数据直接送入计算机；

（6）用户程序存储器容量至少可以扩展到 4KB；

（7）输入可直接用 115V 交流电；

（8）输出为交流 115V2A 以上，能直接驱动电磁阀、交流接触器等；

（9）通用性强，扩展方便；

（10）成本上可与继电器接触器控制系统竞争；

1969 年，美国数字设备公司研制出了世界上第一台可编程控制器，在美国通用汽车公司的自动装配线上试用成功，并取得满意的效果，可编程控制器自此诞生；

2. PLC 的定义

可编程序控制器（Programmable Logic Controller，简称 PLC），是以微处理器为基础，综合了计算机技术、自动控制技术和通讯技术而发展起来的一种新型、通用的自动控制装置（工业计算机）。由于 PLC 在不断发展，因此对它进行确切的定义是比较困难的。国际电工委员会（International Electrical Committee，简称 IEC）在 1987 年对 PLC 作了如下的定义：PLC 是一种专门为在工业环境下应用而设计的进行数字运算操作的电子装置。它采用可以编制程序的存储器，用来在其内部存储执行逻辑运算、顺序运算、定时、计数和算术运算等操作的指令，并能通过数字式或模拟式的输入和输出，控制各种类型的机械或生产过程。PLC 及其有关的外围设备都应按照易于与工业控制系统形成一个整体和易于扩展其功能的原则而设计。

3. PLC 的分类

PLC 有多种形式，功能也不相同，一般按以下原则分类。

（1）按 I/O 点数分类。按 PLC 输入/输出点数的多少可将 PLC 分为以下三类。

①小型机。小型 PLC 的功能一般以开关量控制为主，小型 PLC 输入/输出总点数一般在 256 点以下，用户程序存储器容量在 4 KB 字左右。现在高性能小型 PLC 还具有一定的通信能力和少量的模拟量处理能力。这类 PLC 的特点是价格低廉，体积小，适合于控制单台设备和开发机电一体化产品。

典型的小型机有 SIEMENS 公司的 S7－300 系列、OMRON 公司的 CPM2A 系列、MIT－SUBISHI 公司的 FX 系列和 AB 公司的 SLC－500 系列等整体式 PLC 产品。

②中型机。中型 PLC 的输入、输出总点数在 256～2 048 点，用户程序存储器容量达到 8 KB 字左右。中型 PLC 不仅具有开关量和模拟量的控制功能，还具有更强的数字计算能力，它的通信功能和模拟量处理能力更强大。中型机的指令比小型机更丰富，中型机适用于复杂的逻辑控制系统以及连续生产的过程控制场合。

典型的中型机有典型的小型机有 SIEMENS 公司的 S7－300 系列、OMRON 公司的 C200H 系列、AB 公司的 SLC－500 系列等模块式 PLC。

③大型机。大型 PLC 的输入/输出总点数在 2 048 点以上，用户程序存储器容量达到 16 KB 字以上。大型 PLC 的性能已经与工业控制计算机相当，它具有计算、控制和调节的功能，还具有强大的网络结构和通信联网能力，有些 PLC 还具有冗余能力。它的监视系统采用 CRT 显示，能够表示过程的动态流程，记录各种曲线，PID 调节参数等；它配备多种智能板，构成一台多功能系统。这种系统还可以和其他型号的控制器互联，和上位机相连，组成一个集中分散的生产过程和产品指令控制系统。大型机适用于设备自动化控制、过程控制和过程监控系统。

典型的大型机有 SIEMENS 公司的 S7－400 系列、OMRON 公司的 CVM1 和 CS1 系列、AB 公司的 SLC5/05 系列等产品。

以上划分没有十分明显的界限，随着 PLC 技术的飞速发展，某些小型 PLC 也具有中型或大型 PLC 的功能。这是 PLC 的发展趋势。

（2）按结构形式分。根据 PLC 的结构形式不同，PLC 主要可分为整体式和模块式两类。

①整体式结构。整体式结构的特点是将 PLC 的基本部件，如 CPU 板、输入板、输出板、电源板等紧凑地安装在一个标准壳内，构成一个整体，组成 PLC 的一个基本单元（主机）或扩展模块单元。基本单元上没有扩展断口，通过扩展电缆与扩展单元相连，配有许多专用的特殊功能模块，如模拟量输入/输出模块、热电偶、热电阻模块、通信模块等，以构成 PLC 不同的配置。整体式 PLC 结构体积小、成本低，安装方便。

②模块式结构。模块式结构的 PLC 由一些模块单元构成，这些标准模块如 CPU 模块、输入模块、输出模块、电源模块和各种功能模块等，将这些模块插在框架上即可。各模块功能是独立的，外形尺寸是统一的，可根据需要灵活配置。

目前，中、大型 PLC 多采用这种结构形式。如西门子的 S7－300 和 S7－400 系列。

整体式 PLC 每一个 I/O 点的平均价格比模块式的便宜，在小型控制系统中一般采用整体式结构。但是模块式 PLC 的硬件组态方便灵活，I/O 点数的多少、输入点数与输出点数的比例、I/O 模块的使用等方面的选择余地都比整体式 PLC 大得多，维修时更换模块、判断故障范围也很方便，因此较复杂的、要求较高的系统一般选用模块式 PLC。

4. PLC 的特点

（1）配套齐全、功能完善、通用性强。PLC 发展到今天，已经形成了大、中、小各种规模的系列化产品，可以用于各种规模的工业控制场合，要改变控制功能只需改变程序即可具有较强的通用性。

PLC 的输入/输出系统功能完善，性能可靠，能够适应各种形式和性质的开关量和模拟量的输入/输出。PLC 具备许多控制功能，诸如时序、计算器、主控继电器以及移位寄存器、中间寄存器等。由于采用了微处理器，它能够很方便地实现延时、锁存、比较、跳转和强制 I/O 等诸多功能，不仅具有逻辑运算、算术运算、数制转换以及顺序控制功能，而且还具备模拟运算、显示、监控、打印及报表生成功能。此外，它还可以和其他微机系统、控制设备共同组成分布式或分散式控制系统，还能实现成组数据传送、矩阵运算、闭环控制、排序与查表、函数运算及快速中断等功能。近年来，随着 PLC 多种智能模块的出现使 PLC 渗透到了位置控制、温度控制、CNC 控制等各种工业控制中，加上 PLC 通信能力的增强及人机界面技术的发展，使用 PLC 组成各种控制系统变得非常容易。

（2）可靠性高、抗干扰能力强。可靠性是控制装置的生命。微机虽然具有很强的功能，但抗干扰能力差，工业现场的电磁干扰、电磁波动、机械振、温度和湿度的变化，都可以使一般通用微机不能正常工作。而 PLC 在电子线路、机械结构以及软件结构上都吸收了生产厂家长期积累的生产控制经验，主要模块均采用现代大规模与超大规模集成电路技术，I/O 系统设计有完善的通道保护与信号调理电路；在结构上对耐热、防潮、防尘、抗震等都有周到的考虑；在硬件上采用隔离、屏蔽、滤波、接地等抗干扰措施。在软件上采用数字滤波等抗干扰和故障诊断措施；所有这些使 PLC 具有较高的抗干扰能力。

另外，传统的继电器控制系统中使用了大量的中间继电器、时间继电器、触点和接线较多，难免接触不良，因此容易出现故障。而 PLC 采用微电子技术，大量的开关动作由无触点的电子存储器件来完成，用软件代替大量的中间继电器和复杂的连线，仅剩下与输入和输出有关的少量接线，因此 PLC 寿命长，可靠性大大提高。

最后，PLC 采取了一系列硬件和软件抗干扰措施，使之具有很强的抗干扰能力，平均无故障时间达到数万小时以上，可直接用于有强烈干扰的工业生产现场。这是微机无法比拟的。PLC 已被广大用户公认为是最可靠的工业控制设备之一。

（3）编程方法简单易学。PLC 通常采用与继电器控制线路图非常接近的梯形图作为编程语言，它既有继电器清晰直观的特点，又充分考虑到电气工人和技术人员的读图习惯。对使用者来说，几乎不需要专门的计算机知识，因此，易学易懂，控制改变时也容易修改程序。

（4）使用简单、调试维修方便。PLC 的接线极其简单方便，只需将产生输入信号的设备（如接触器、电磁阀等）与 PLC 的输出端子连接即可。

PLC 的用户程序可在实验室模拟调试，输入信号用开关来模拟，输出信号可以观察 PLC 的发光二极管。模拟调试后再将 PLC 在现场安装调试，这样比调试继电器控制系统的工作量要少得多。另外，PLC 的可靠性很高，并且有完善的自诊断功能和运行故障监视系统，一旦发生故障，能很快排除故障。所以，PLC 使用简单、调试、维修都很方便。

（5）开发周期短，成功率高。大多数工业控制装置的开发研制包括机械、液压、气动、电气控制等部分，需要一定的研制时间，也包含着各种困难与风险。大量实践证明采用以 PLC 为核心的控制方式具有开发周期短、风险小和成功率高的优点。其主要原因之一是只要正确、合理选用各种各样模块组成系统，无需大量硬件配置和管理软件的二次开发；其二是 PLC 采用软件控制方式，控制系统一旦构成便可在机械装置研制之前根据技术要求独立进行应用程序开发并可以方便地通过模拟调试反复修改直至达到系统要求，从而保证最终配套联试的一次成功。

（6）体积小，质量轻，功耗低。由于 PLC 采用了半导体集成电路，其体积小、质量轻、结构紧凑、功耗低，因而是机电一体化的理想控制器。例如，日本三菱公司生产的 FX2—40MR 小型 PLC 内有供编程使用的各类软继电器 1 540 个、状态器 1 000 个、定时器 256 个、计数器 235 个，还有大量用以生成用户环境的数据寄存器（多达 5 000 个以上），而其外型尺寸仅为 350mm×90mm×87mm、质量仅为 1.5kg。

1.3.2　S7-200 型 PLC 简介

1. S7-200 型 PLC 概述

S7-200 系列可编程控制器有 CPU21X 系列，CPU22X 系列，其中 CPU22X 型可编程控制器提供了 4 个不同的基本型号，常见的有 CPU221、CPU222，CPU224 和 CPU226 四种基本型号。

在小型 PLC 中，CPU221 价格低廉，能满足多种集成功能的需要。CPU222 是 S7-200 家族中低成本的单元，通过可连接的扩展模块即可处理模拟量。CPU224 具有更多的输入输出点及更大的存储器。CPU226 和 226XM 是功能最强的单元，可完全满足一些中小型复杂控制系统的要求，CPU224 型 PLC 主机与扩展机的外型如图 1-2 所示。

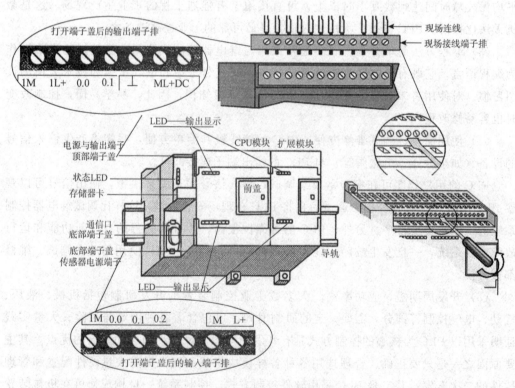

图 1-2　CPU 224 主机与扩展机的结构外形

从图 1-2 中可以看到，主机有 CPU 模块，如果使用过程中，主机的输入或者输出不能满足控制的要求，可增加扩展模块，以满足控制的需要；打开顶部端子盖，可看到上端有电源和输出端子，用于连接输入电源和输出信号；打开底部端子盖，可看到下端有输入端子和机内 24V 电源，用于连接输入信号，输入信号可以是按钮、继电器类元件的触点，也可以是传感器的输出信号等；在上端、下端、左侧有 LED 显示灯，用于显示输出点、出入点、RUN 状态、STOP 状态或监控状态等，还有程序存储器卡接口、通信接口，与通信线可以连接，用于上装和下装 PLC 的运行程序；后边有固定 PLC 的导轨，也可以用螺栓固定。

2. S7-200CPU224 型 PLC 外部端子及接线方法

（1）与输入回路的连接如图 1-3 所示。CPU224 型 PLC 端子介绍如下。

基本输入端子。CPU224 的主机共有 14 个输入点（I0.0-I0.7、I1.0-I1.5）和 10 个输出点（Q0.0-Q0.7、Q1.0-Q1.1），在编写端子代码时采用八进制，没有 0.8 和 0.9。CPU224 输入电路参见图 1-3，它采用了双向光耦合器，24V 直流极性可任意选择，系统设置 1M 为输入端子（I0.0-I0.7）的公共端，2M 为输入端子（I1.0-I1.5）的公共端。

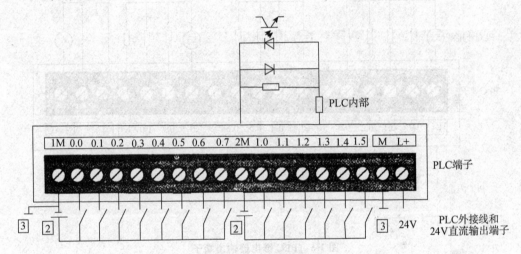

图 1-3 PLC 输入端子

注：1. 实际元件值可能有变；2. 处可接受任何极性；3. 处接地可选。

（2）如图 1-4 所示为输出回路的连接。

基本输出端子。CPU224 的 10 个输出端，如图 1-4 所示，Q0.0-Q0.4 共用 1M 和 1L 公共端，Q0.5-Q1.7 和 Q1.0-Q1.1 共用 2M 和 2L 公共端，在公共端上需要用户连接适当的电源，为 PLC 的负载服务。

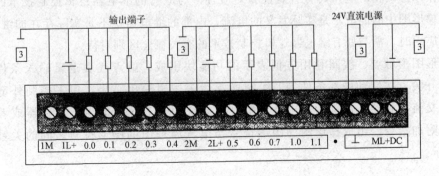

图 1-4 PLC 晶体管输出端子

CPU224 的输出电路有晶体管输出电路和继电器输出两种供用户选用。在晶体管输出电路中，PLC 由 24V 直流供电，负载采用了 MOSFET 功率驱动器件，所以只能用直流为负载供电。输出端将数字量输出分为两组，每组有一个公共端，共有 1L、2L 两个公共端，可接入不同电压等级的负载电源。在继电器输出电路中，PLC 由 220V 交流电源供电，负载采用继电器驱动，所以既可以选用直流为负载供电，也可以采用交流为负载供电。在继电器输出电路中，数字量输出分为 3 组，每组的公共端为本组的电源供给端，Q0.0—Q0.3 共用 1L，Q0.4—Q0.6 共用 2L，Q0.7—Q1.1 共用 3L，各组之间可接入不同电压等级、不同电压性质的负载电源，如图 1-5 所示。

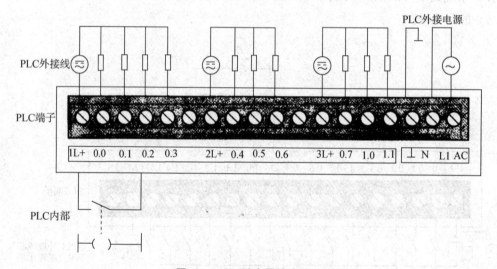

图 1-5　PLC 继电器输出端子

1.3.3　S7－200 型 PLC 梯形图语言

梯形图程序设计语言是最常用的一种程序设计语言。它来源于继电器逻辑控制系统的描述。在工业过程控制领域，电气技术人员对继电器逻辑控制技术较为熟悉，因此，由这种逻辑控制技术发展而来的梯形图受到了欢迎，并得到了广泛的应用。梯形图与操作原理图相对应，具有直观性和对应性。与原有的继电器逻辑控制技术的不同点是，梯形图中的能流不是实际意义的电流，内部的继电器也不是实际存在的继电器，因此，应用时，需与原有继电器逻辑控制技术的有关概念区别对待。

梯形图由触点、线圈和用方框表示的功能块组成。触点代表逻辑输入条件，如外部的开关、按钮和内部条件等。线圈通常代表逻辑输出结果，用来控制外部的指示灯、交流接触器和内部的输出条件等。功能块用来表示定时器、计数器或者数学运算等附加指令。组成梯形图的图形符号与电气原理图的图形符号之间的关系如表 1-1 所示。

表 1-1 梯形图符号与电气图符号的对应关系

电气图符号	梯形图符号	功能
	⊣⊢	常开触点
	⊣/⊢	常闭触点
	─( )─	继电器（接触器）线圈

在分析梯形图中的逻辑关系时，为了借用继电器电路图的分析方法，可以想象左右两侧垂直母线之间有一个左正右负的直流电源电压（S7－200 的梯形图中省略了右侧的垂直母线），当图 1-6 中的 I0.0 与 I0.1 的触点接通，或 M0.0 与 I0.1 的触点接通时，有一个假想的"能流"（Power Flow）流过 Q0.5 的线圈。利用能流这一概念，可以帮助我们更好地理解和分析梯形图，能流只能从左向右流动。

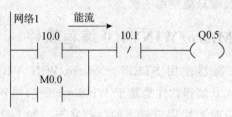

图 1-6 梯形图举例

1.3.4 基本位逻辑指令

位逻辑指令是 PLC 常用的基本指令，梯形图指令有触点和线圈两大类，触点又分常开触点和常闭触点两种形式；语句表指令有与、或以及输出等逻辑关系，位操作指令能够实现基本的位逻辑运算和控制。

1. 逻辑取（装载）及线圈驱动指令 LD/LDN

（1）指令格式及功能

LD（load）：常开触点逻辑运算的开始，对应梯形图则为在左侧母线或线路分支点处初始装载一个常开触点。

LDN（load not）：常闭触点逻辑运算的开始（即对操作数的状态取反），对应梯形图则为在左侧母线或线路分支点处初始装载一个常闭触点。

＝（OUT）：输出指令，对应梯形图则为线圈驱动，对同一元件只能使用一次。

梯形图指令格式如图 1-7 所示。

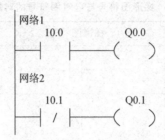

网络1
10.0   Q0.0

网络2
10.1   Q0.1

图 1-7　梯形图指令格式

（2）指令说明

触点代表 CPU 对存储器的读操作，常开触点和存储器的位状态一致，常闭触点和存储器的位状态相反。用户程序中同一触点可使用无数次。

线圈代表 CPU 对存储器的写操作，若线圈左侧的逻辑运算结果为"1"，表示能流能够达到线圈，CPU 将该线圈所对应的存储器的位置位为"1"，若线圈左侧的逻辑运算结果为"0"，表示能流不能够达到线圈，CPU 将该线圈所对应的存储器的位写入"0"用户程序中，同一线圈只能使用一次。

1.3.5　STEP 7－Micro/WINV4.0 编程软件

S7－200 可编程控制器使用 STEP7－Micro/WIN V4.0 编程软件进行编程。STEP7－Micro/WIN V4.0 编程软件是基于 Windows 的应用软件，功能强大，主要用于开发程序，也可用于适时监控用户程序的执行状态。加上汉化后的程序，可在全汉化的界面下进行操作。STEP7－Micro/WIN V4.0 编程软件主要操作步骤如下。

步骤 1：编程软件安装。

（1）选择设置语言：单击 PLC 编程软件 STEP7－Micro/WIN V4.0 的安装文件"setup.exe"，进入"选择设置语言"界面，如图 1-8 所示，选择"英语"，单击"确定"按钮，进入安装向导界面，单击"Next"按钮进入认证许可界面，然后单击"Yes"按钮进入下一个界面。

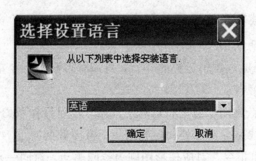

图 1-8　语言选择界面

（2）选择安装路径：选择安装路径界面如图 1-9 所示，可单击"Browse..."按钮选择想要安装的路径，这里选默认路径，单击"Next"按钮进行安装。

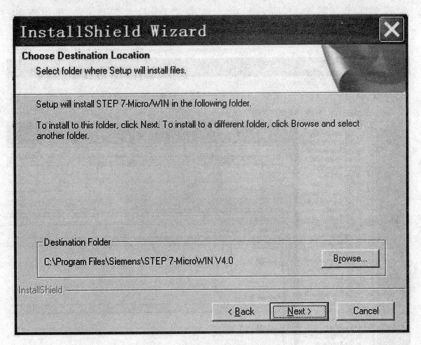

图 1-9　安装路径选择界面

（3）设置 PG/PC 接口：在安装的过程中，需要选择 PG/PC 接口类型，如图 1-10 所示。选择默认的"PC/PPI cable（PPI）"，单击"OK"按钮，直至安装结束。

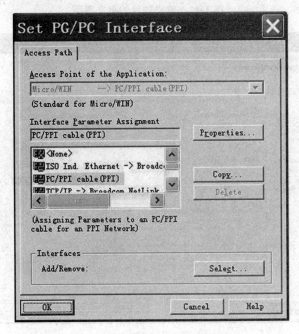

图 1-10　PG/PC 接口类型选择

步骤 2：中英文界面转换。

（1）在英文界面（图 1-11 所示）中，点击"Tools（工具）"菜单下的"Options（选项）"，弹出如下图 1-12 对话框。

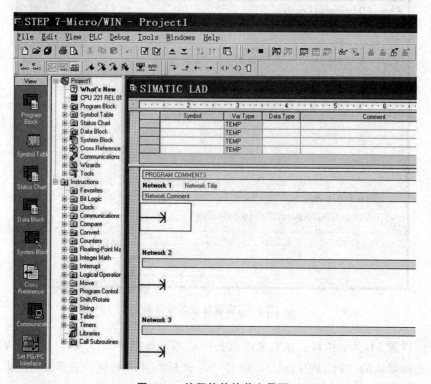

图 1-11　编程软件的英文界面

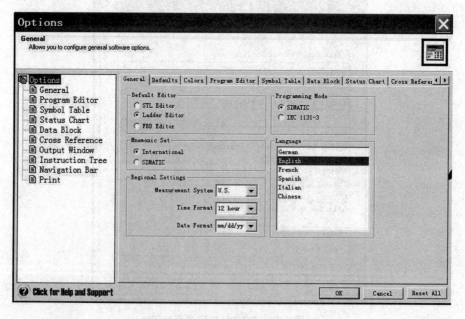

图 1-12　Options（选项）的对话框

（2）单击 Options 下的 General（常规），在 Language（语言）中选择 Chinese（中文），点击 OK，保存并关闭编程软件，重新启动编程软件后显示图 1-13 所示的中文界面。

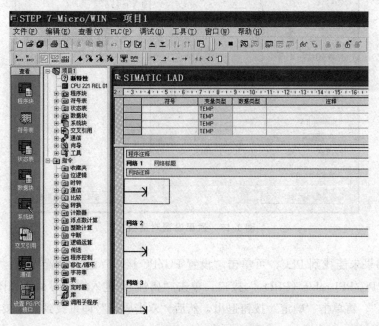

图 1-13　编程软件的中文显示界面

步骤 3：通信参数的设置。

（1）首次连接计算机和 PLC 时，要设置通信参数。STEP7－Micro/WIN V4.0 软件中文主界面上单击"通信"图标，则出现一个"通信"对话框，如图 1-14 所示。

（2）本地（计算机）地址为"0"，远程（PLC）地址为"2"。然后"双击刷新"，出现如图 1-15 所示界面，从这个界面中可以看到，已经找到了类型为"CPU224 REL01.22"的 PLC，计算机已经与 PLC 建立起通信。

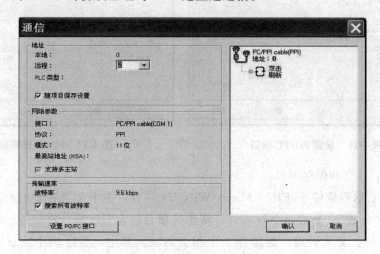

图 1-14　通信设置对话框

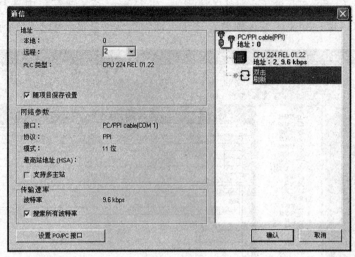

图 1-15　通讯设置对话框 2

（3）如果未能找到 PLC，可单击"设置 PG/PC 接口"进入设置界面，如图 1-16 所示，选择"PC/PPI cable（PPI）"接口，单击"属性"，进入属性界面，如图 1-17 所示。单击"默认"，再单击"确定"按钮退出，然后"双击刷新"即可找到所连接的 PLC。

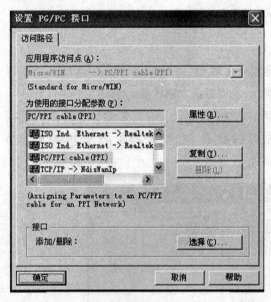

图 1-16　设置 PG/PC 接口

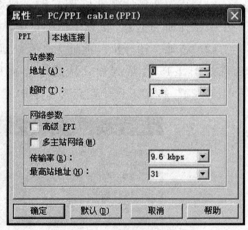

图 1-17　PPI 属性界面

步骤 4：建立和保存项目。

（1）运行编程软件 STEP7－Micro/WIN V4.0 后，在中文主界面中单击菜单栏中"文件"→"新建"，新建一个新项目。新建的项目包含程序块、符号表、状态表、数据块、系统块、交叉引用、通信等 7 个相关的块。其中，程序块中默认有一个主程序、一个子程序和一个中断程序，如图 1-18 所示。

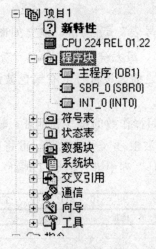

图 1-18 新建项目

（2）单击菜单栏中"文件"→"保存"，指定文件名和保存路径，单击"保存"按钮，文件以项目形式保存。

步骤 5：梯形图程序编写。

（1）在梯形图编辑器中有 4 种输入程序指令的方法：双击指令图标、拖放指令图标、指令工具栏编程按钮和特殊功能键（F4. F6，F9）。

（2）选中网络 1，单击指令树中"位逻辑"指令图标，如图 1-19 所示。

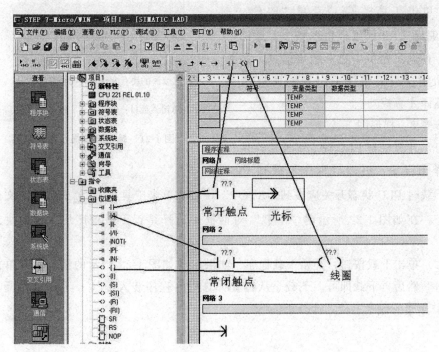

图 1-19 位逻辑指令编写

步骤 6：符号表建立。

（1）单击浏览条中的"符号表" ▦ 按钮，建立如图 1-20 所示的符号表，在"符号"列键入符号名（如，起动），最大符号长度为 23 个字符。

注意：在给符号指定地址之前，该符号下有绿色波浪下画线。在给符号指定地址后，绿色波浪下划线自动消失。

（2）如果选择同时显示项目操作数的符号和地址，较长的符号名在 LAD、FBD 和 STL 程序编辑器窗口中被一个波浪号（～）截断。可将鼠标放在被截断的名称上，在工具提示中查看全名。在"地址"列中键入地址（例如：I0.0）。

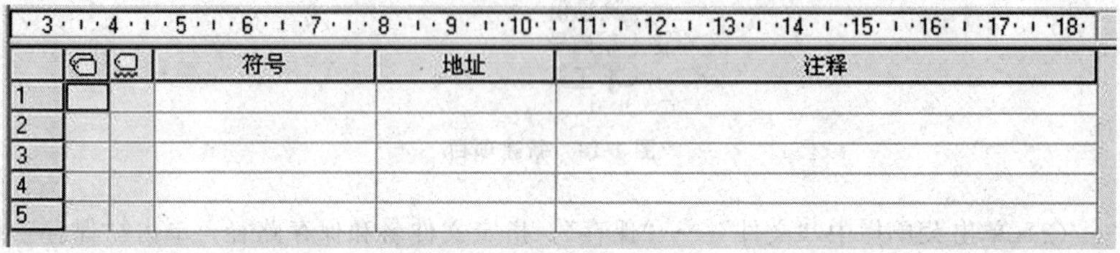

· 3 ·	· 4 ·	· 5 · · 6 ·	· 7 · · 8 · · 9 · · 10 · · 11 ·	· 12 · · 13 · · 14 · · 15 · · 16 · · 17 · · 18 ·
	⊟ ⊠	符号	地址	注释
1				
2				
3				
4				
5				

图 1-20　符号表的建立

步骤 7：梯形图编译。

用户程序编辑完成后，必须编译成 PLC 能够识别的机器指令，才能下载到 PLC。单击工具栏 ☑ 或菜单"PLC"→"全部编译"，开始编译机器指令。编译结束后，在输出窗口中显示结果信息，如图 1-21 所示。纠正编译中出现的所有错误后，编译才算成功。

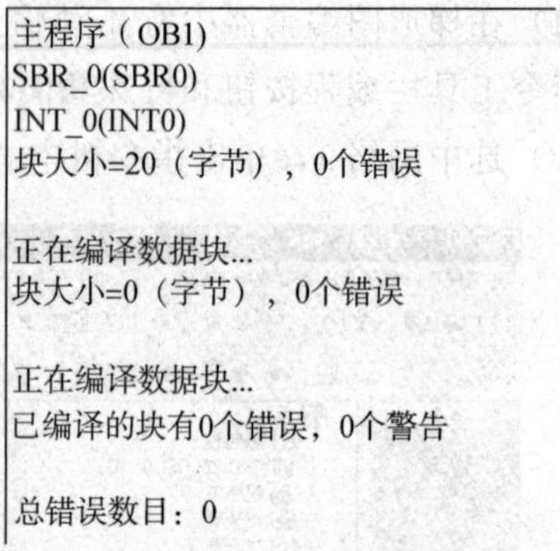

步骤 8：梯形图下载。

（1）计算机与 PLC 建立了通信连接并且编译无误后，可以将程序下载到 PLC 中。下载时 PLC 状态开关应拨到"STOP"位置。单击工具栏的 ▼ 或菜单"文件"→"下载"，在如图 1-22 所示的"下载"对话框中选择是否下载程序块、数据块、系统块等。

（2）单击下载按钮，开始下载程序。如果出现如图 1-23 所示的情况，则单击"改动项目"然后再下载即可。下载是从编程计算机将程序装入 PLC；上载则相反，是将 PLC 中存储的程序上传到计算机。

主程序（OB1）
SBR_0(SBR0)
INT_0(INT0)
块大小=20（字节），0个错误

正在编译数据块...
块大小=0（字节），0个错误

正在编译数据块...
已编译的块有0个错误，0个警告

总错误数目：0

图 1-21　输出窗口显示编译结果

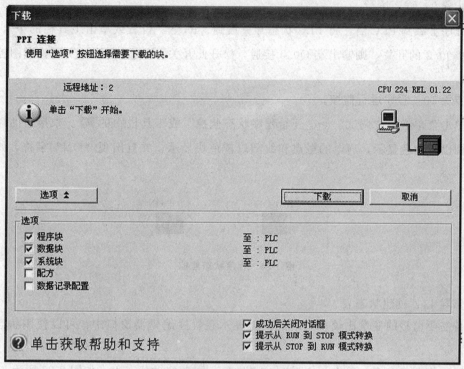

图 1-22　下载对话框 1

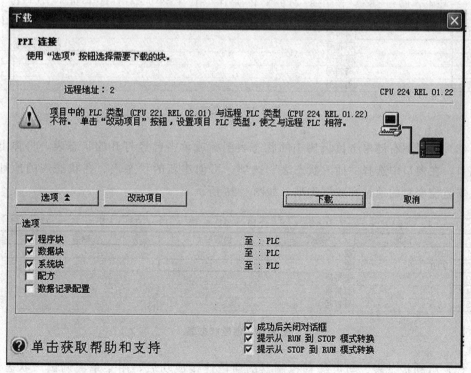

图 1-23　下载对话框 2

步骤 9：程序运行。

程序下载到 PLC 后，将 PLC 状态开关拨到 "RUN" 位置或单击工具栏的 ▶ ，按下连接 I0.0 的开关，则输出端 Q0.0 接通，松开此开关，Q0.0 断开，实现梯形图控制功能。

步骤 10：程序运行监控。

单击菜单栏中 "调试" → "开始程序状态监控" 或工具栏中的 🖮 。未接通的触点和线圈以灰白色显示，通电的触点和线圈以蓝色块显示，并且出现 "ON" 字符，如图 1-24 所示。

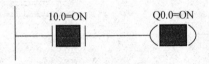

图 1-24　程序状态监控

步骤 11：创建状态表。

若需要监控的变量比较多，不能同时显示在程序编辑器窗口中，可以使用状态表监控。

（1）打开状态表。单击 "查看" → "状态表 🖳" 启动状态表，如图 2-25 所示。

	地址	格式	当前值	新值
1		有符号		
2		有符号		
3		有符号		
4		有符号		
5		有符号		

图 2-25　状态表

（2）用鼠标右键单击目录树中的状态表图标或单击已经打开的状态表，将弹出一个窗口，在窗口中选择 "插入状态表" 选项，可创建新的状态表。在状态表的地址列输入需监控变量的地址和数据类型，如图 2-26 所示。

	地址	格式	当前值	新值
1	I0.0	位		
2	Q0.0	位		
3		有符号		
4		有符号		
5		有符号		

图 2-26　创建状态表

（3）启动状态表。与可编程控制器的通信连接成功后，用菜单 "调试－状态表"

或单击工具条上的状态表图标 ![状态表图标]，可启动状态表，状态表被启动后，编程软件从 PLC 读取状态信息。再操作一次，将关闭状态表。

（4）用状态表强制改变数值。如果没有实际的 I/O 接线，S7—200 CPU 提供了强制功能。用户可以对所有 I/O 以及多达 16 个内部存储器数据或模拟 I/O 进行强制。

在状态表的地址列中选中被强制操作数，在"新数值"列写入强制数值，然后单击工具条的"强制"图标 ![强制图标]，被强制的数值旁边将显示锁定图标 ![锁定图标]。通过强制，可以模拟变量的变化。

（5）在完成"新数值"列的改动后，可以使用"全部写入"，将所有需要的改动发送至 PLC。

1.4　任务实施

1.4.1　设备配置

设备配置如下：

（1）一台 S7—200PLC 系列 CPU224 及以上 PLC；

（2）装有 STEP7—Micro/WINV4.0SP$_6$ 及以上版本编程软件的 PC 机；

（3）电机点动控制模拟装置；

（4）PC/PPI 电缆；

（5）导线若干。

1.4.2　音乐喷泉控制输入输出分配表

音乐喷泉控制的输入输出地址分配表如表 1-2 所示。

表 1-2　音乐喷泉控制输入输出地址分配表

输入端子			输出端子		
输入端子	输入元件	作用	输出端子	输出元件	作用
I0.0	SB	点动按钮	Q0.0	KM	电动机 M

1.4.3　音乐喷泉控制外部接线图

根据图 1-1 所示的控制线路及输入输出分配表，绘制出图 1-27 所示的点动控制的外部接线图。在项目实施中，按照此图连接硬件电路。不同型号的 PLC 的外部输出电源不同，另外输出形式也不同，应根据实际选择合适的输出形式。

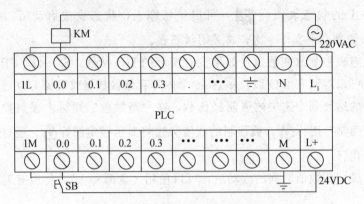

图 1-27　音乐喷泉控制的外部接线图

1.4.4　音乐喷泉控制的梯形图程序

根据控制要求，所绘制的点动控制梯形图程序如图 1-28 所示。

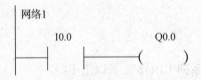

图 1-28　音乐喷泉控制的梯形图程序

1.4.5　程序调试与运行

程序调试与运行如下。

（1）双击 STEP7－Micro/WIN V4.0 软件图标，启动该软件。

（2）输入点动控制程序。

（3）建立 PLC 与上位机的通信联系，将程序下载到 PLC。

（4）运行点动控制程序。

（5）操作控制按钮，观察运行结果。

（6）分析程序运行结果，编写相关技术文件。

①控制过程分析：如图 1-29 所示，按住点动按钮 SB，线圈 I0.0 得电，梯形图中 I0.0 常开触点闭合，线圈 Q0.0 通电，其常开触点闭合，接触器 KM 线圈得电，接触器主触点接通，电动机启动运转。

松开点动按钮 SB，线圈 I0.0 断电，梯形图中 I0.0 常开触点断开，线圈 Q0.0 断电，其常开触点断开，接触器 KM 线圈失电，接触器主触点断开，电动机停止运行。

②编写相关技术文件。

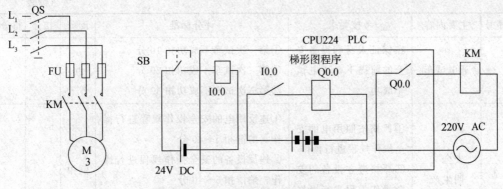

图 1-29 点动控制主电路及硬件接口图

1.5 任务评价

本任务的考评点、各考评点在本任务中所占分值、各考评点的评价方式、各考评点的评价标准及其本任务在课程考核成绩中的比例如表 1-3 所示。

表 1-3 电机点动控制的任务评价表

序号	主要内容	考核要求	评分标准	配分	扣分	得分
1	电路及程序设计	①根据控制要求，列出 PLC 输入/输出（I/O）口元器件的地址分配表和设计 PLC 输入/输出（I/O）口的接线图 ②根据控制要求设计 PLC 梯形图程序和对应的指令表程序	①PLC 输入/输出（I/O）地址遗漏或搞错，每处扣 5 分 ②PLC 输入/输出（I/O）接线图设计不全或设计有错，每处扣 5 分 ③梯形图表达不正确或画法不规范，每处扣 5 分 ④接线图表达不正确或画法不规范，每处扣 5 分 ⑤PLC 指令程序有错，每条扣 5 分	40		
2	程序输入及调试	①熟练操作 PLC 键盘，能正确地将所编写的程序输入 PLC ②按照被控设备的动作要求进行模拟调试，达到设计要求	①不会熟练操作 PLC 键盘输入指令，扣 10 分 ②不会用删除、插入、修改等命令，每次扣 10 分 ③缺少功能每项扣 25 分	30		

（续表）

序号	主要内容	考核要求	评分标准	配分	扣分	得分
3	通电试车	在保证人身和设备安全的前提下，通电试车成功	①第一次试车不成功扣10分 ②第二次试车不成功扣20分 ③第三次试车不成功扣30分	30		
4	安全文明生产	①严格按照用电的安全操作规程进行操作 ②严格遵守设备的安全操作规程进行操作 ③遵守 6S 管理守则	①违反用电的安全操作规程进行操作，酌情扣5～40分 ②违反设备的安全操作规程进行操作，酌情扣5～40分 ③违反 6S 管理守则，酌情扣1～5分	倒扣		
备注	除了定额时间外，各项内容的最高分不应超过配分数；每超时 5 min 扣 5 分		合计	100		
定额时间	120 min	开始时间	结束时间		考评员签字	年　月　日

1.6　知识和能力拓展

1.6.1　知识拓展

1. S7－200 型 PLC 的硬件结构

S7－200 型 PLC 采用典型的计算机结构，主要由 CPU、存储器、输入/输出单元、外设接口、编程装置、电源等组成，如图 1-30 所示。

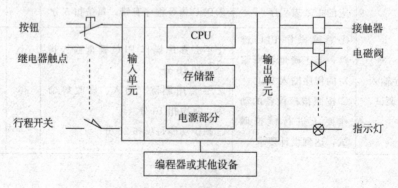

图 1-30　S7－200 型 PLC 硬件结构

（1）中央处理单元。CPU 是 PLC 的核心，起神经中枢的作用，每套 PLC 至少有一个 CPU，它按 PLC 的系统程序赋予的功能接收并存贮用户程序和数据，用扫描的方式采集由现场输入装置送来的状态或数据，并存入规定的寄存器中；同时，诊断电源和 PLC 内部电路的工作状态和编程过程中的语法错误等。进入运行后，从用户程序存贮器中逐条读取指令，经分析后再按指令规定的任务产生相应的控制信号，去指挥有关的控制电路，CPU 主要由运算器、控制器、寄存器及实现它们之间联系的数据、控制及状态总线构成，CPU 单元还包括外围芯片、总线接口及有关电路。内存主要用于存储程序及数据，是 PLC 不可缺少的组成单元。CPU 的主要功能有：①从存储器中读取指令；②执行指令；③顺序取指令；④处理中断。

（2）存储器。可编程控制器的存储器由只读存储器 ROM、随机存储器 RAM 和可电擦写的存储器 EEPROM 三大部分构成，主要用于存放系统程序、用户程序及工作数据。

只读存储器 ROM 用以存放系统程序，可编程控制器在生产过程中将系统程序固化在 ROM 中，用户是不可改变的。用户程序和中间运算数据存放的随机存储器 RAM 中，RAM 存储器是一种高密度、低功耗、价格便宜的半导体存储器，可用锂电池做备用电源。它存储的内容是易失的，掉电后内容丢失；当系统掉电时，用户程序可以保存在只读存储器 EEPROM 或由高能电池支持的 RAM 中。EEPROM 兼有 ROM 的非易失性和 RAM 的随机存取优点，用来存放需要长期保存的重要数据

（3）输入/输出单元。为适应工业过程现场输入/输出信号的匹配，PLC 配置了各种类型的输入/输出模块单元。

①输入接口电路。开关量输入单元：把现场各种开关信号变成 PLC 内部处理的标准信号。通常 PLC 的输入类型可以是直流、交流和交直流。输入电路的电源可由外部供给，有的也可由 PLC 内部提供。如图 1-31 所示，为一种型号 PLC 的直流输入接口电路的电路图，采用的是外接电源。

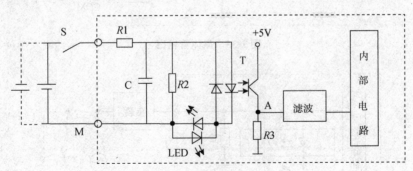

图 1-31　直流输入电路

②输出接口电路。开关量输出单元：它的作用是把 PLC 的内部信号转换成现场执行机构的各种开关信号。按照现场执行机构使用的电源类型的不同，开关量输出单元可分为晶体管输出方式（用于直流输出负载）、双相晶闸管输出方式（用于交流输出负载）、继电器触点输出方式（可用于直流、又可交流）。特别应指出的是，由于继电器模式具有

实际断点，可以从物理上切断所控制的回路，同时这种模式既适合于直流情况又适合于交流情况，因此这种模式在开关频率不太高的情况下是首选的输出控制方案。

输出接口电路输出都采用电气隔离技术，电源由外部提供，输出电流0.5A～2A，输出电流的额定值与负载性质有关，如图1-32、图1-33和图1-34所示，为三种输出原理图。

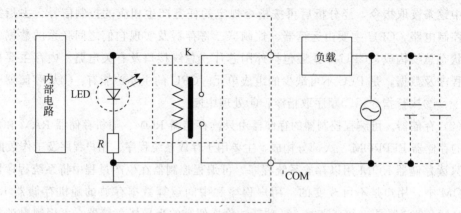

图1-32 继电器型输出

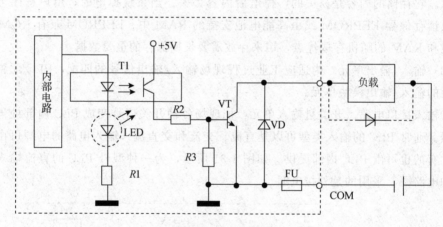

图1-33 晶体管输出

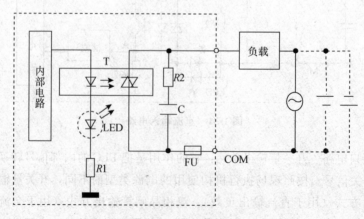

图1-34 晶闸管输出

（4）外设接口。外设接口电路用于连接手持编程器或其他图形编程器、文本显示器，并能通过外设接口组成 PLC 的控制网络。PLC 通过 PC/PPI 电缆或使用 MPI 卡通过 RS-485 接口与计算机连接，可以实现编程、监控、连网等功能。

（5）电源。电源单元的作用是把外部电源（220V 的交流电源）转换成内部工作电压。外部连接的电源，通过 PLC 内部配有的一个专用开关式稳压电源，将交流/直流供电电源转化为 PLC 内部电路需要的工作电源（直流 5V、正负 12V、24V），并为外部输入元件（如接近开关）提供 24V 直流电源（仅供输入端点使用），而驱动 PLC 负载的电源由用户提供。

（6）编程装置。编程器是 PLC 的重要外围设备。利用编程器将用户程序送入 PLC 的存储器，还可以用编程器检查程序，修改程序，监视 PLC 的工作状态。

常见的编程装置有手持式编程器和计算机编程方式。在 PLC 发展的初期，使用专用编程器来编程。小型 PLC 使用价格较便宜、携带方便的手持式编程器，大中型 PLC 则使用以小 CRT 作为显示器的便携式编程器。手持式编程器不能直接输入和编辑梯形图，只能输入和编辑指令，但它有体积小，便于携带，可用于现场调试，价格便宜的优点。

计算机的普及，使得越来越多的用户使用基于个人计算机的编程软件。目前有的可编程序控制器厂商或经销商向用户提供编程软件，在个人计算机上添加适当的硬件接口和软件包，即可用个人计算机对 PLC 编程。利用微机作为编程器，可以直接编制并显示梯形图，程序可以存盘、打印、调试，对于查找故障非常有利。

2. S7-200PLC 工作原理

（1）扫描周期。PLC 的 CPU 采取循环扫描的工作方式执行任务，运行一次用户程序所用的时间称做 PLC 的一个机器扫描周期，一个周期包含读输入、执行程序（CPU 处于 RUN 模式）、处理通信请求、执行 CPU 自诊断、写输出（输出刷新）5 个阶段，如图 1-35 所示。

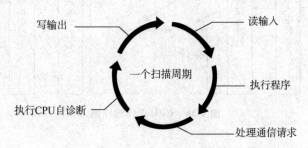

图 1-35 CPU 的扫描周期

①输入阶段。在读取输入阶段，可编程序控制器把所有外部数字量输入电路的 ON/OFF（1/0）状态读入输入映像寄器。外接的输入电路闭合时，对应的输入映像寄存器为 1 状态，梯形图中对应的输入点的常开触点接通，常闭触点断开。外接的输入

电路断开时，对应的输入映像寄存器为 0 状态，梯形图中对应的输入点的常开触点断开，常闭触点接通。

②执行程序阶。PLC 按照梯形图的顺序，自左而右、自上而下地逐行扫描。CPU 从用户程序的第一条指令开始执行，直到最后一条指令结束，程序运行的结果存放在输出映像寄存器区域。

③处理通信请求。执行程序时，PLC 将继续向下扫描，检查是否有编程器等的通信请求。如果有，则进行相应的处理，即接受编程器的命令，并把要显示的状态数据、出错信息送给编程器显示。

④执行 CPU 自诊断。在此阶段对各输入/输出点、存储器和 CPU 等进行诊断，诊断的方法通常是测试出各部分的当前状态，并与正常的标准状态进行比较，若两者一致，说明各部分工作正常，若不一致，则认为出现故障。此时，PLC 将立即启动关机程序，保留现行工作状态，并关断所有输出点，然后停机。

⑤写输出。在每个扫描周期的结尾，CPU 把存在输出映像寄存器中的相关数据输出给数字量输出端点（写入输出锁存器中，保证输出状态不会发生突变），更新输出状态。当 CPU 操作模式从 RUN（运行）切换到 STOP（停止）时，数字量输出可设置为输出表中定义的值或当前值；模拟量输出保持最后写的值；缺省设置时，默认为关闭数字量输出。

（2）工作过程。CPU 工作模式有 STOP 与 RUN 两种，可以通过指令、V4.0 STEP7－Micro/WIN SP6 编程软件与拨动开关来设定。CPU 处在 STOP 工作模式时，不运行程序，此时可以向 CPU 装载程序或进行系统设置；CPU 处在工作模式时，运行用户程序。CPU 工作过程如图 1-36 所示。

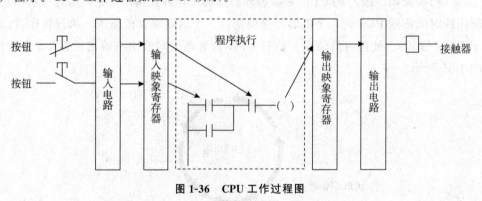

图 1-36 CPU 工作过程图

3. S7－200PLC 的安装与接线

（1）S7－200PLC 的安装。小型 PLC 外壳的 4 个角上均有安装孔，有两种安装方法，一种是用螺钉固定，另一种是 DIN 轨道固定。

为了使控制系统工作可靠，通常把 PLC 安装在有保护外壳的控制柜中，以防止灰尘、油污水溅；为了保证 PLC 在工作状态下其温度保持在规定温度范围内，安装处应有足够的通风空间，基本单元和扩展单元之间要有 30 mm 以上间隔。如果周围环境超过 55℃，要安装电风扇强迫通风。

为了避免其他外围设备的电干扰，PLC 应尽可能远离高压电源线和高压设备，PLC 与高压设备、电源线之间应留出至少 200 mm 的距离。

当 PLC 垂直安装时，要严防导线头、铁粉、灰尘等从通风窗掉入 PLC 内部。

（2）S7－200PLC 的接线。PLC 接线主要包括电源接线、接地线、I/O 接线及扩展模块接线等，接线均采用 $0.5\sim1.5$ mm² 的导线，要求屏蔽线最长为 500 m、非屏蔽线最长为 300 m。导线要尽量成对使用，可用一根中性导线或公共导线与一根热线或信号线相配对。

①电源接线。PLC 使用 24VDC 或 $85\sim264$ VAC 的电源供电，如图 1-37 所示。其外接电源端位于输出端子排右上角的两个接线端，并使用直径为 0.2 cm 的双绞线作为电源线。

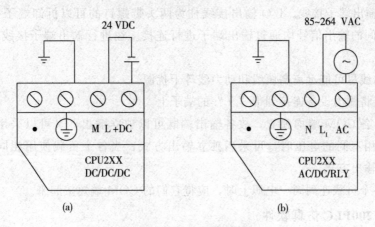

图 1-37　PLC 电源接线方式
（a）直流供电；（b）交流供电

安装和拆除 S7－200 系列 PLC 产品前必须切断供电电源，确保 S7－200 系列 PLC 产品安全以及操作员的人身安全。在进行电源接线时还要注意以下几点。

· 在电源接线时需采取隔离变压器等措施，避免因噪声过强或电源电压波动过大而引起事故。

· 当控制单元与其他单元相接时，各单元的电源线连接应能同时接通和断开。

· 当电源瞬间掉电时间小于 10 ms 时，不影响 PLC 的正常工作。

· 为避免因失常引起的系统瘫痪或发生无法补救的重大事故，应增加紧急停车电路。

· 当需要控制两个相反的动作时，应在 PLC 和受控设备之间加互锁电路。

②接地：良好的接地是保证 PLC 正常工作的必要条件，在接地时要注意以下几点。

· PLC 的接地线应为专用接地线，其直径应在 2 mm 以上。

· 接地电阻应小于 100 Ω。

• PLC 的接地线不能和其他设备共用，更不能将其接到一个建筑物的大型金属结构上。

• PLC 的各单元的接地线应相连。

③I/O 输入端子接线。I/O 输入接线柱为两头带螺钉的可拆卸端子排，外部开关设备与 PLC 之间的输入信号均通过输入端子进行连接。在进行输入端子接线时，应注意以下几点。

• 输入线尽可能远离输出线、高压线及电动机等干扰源。

• 不能将输入设备连接到带"."的端子上。

• 交流型 PLC 的内藏式直流电源的输出信号可用于输入，直流型 PLC 的直流电源输出功率不够时，可使用外接电源。

• 切勿将外接电源加到交流型 PLC 的内藏式直流电源的输出端子上。

• 切勿将用于输入的电源并联在一起，更不可将这些电源并联到其他电源上。

④I/O 输出端子接线。I/O 输出接线柱为两头带螺钉的可以拆卸端子排，PLC 与输出设备之间的输出信号均通过输出端子进行连接。在进行输出端子接线时，应注意以下几点。

• 输出线尽可能远离高压线和动力线等干扰源。

• 不能将输出设备连接到带"·"的端子上。

• 由于各 COM 端均独立，故各输出端既可以独立输出，又可以采用公共输出。当各负载使用不同的电压时，可采用独立输出方式；当各个负载使用相同的电压时，可采用公共输出方式。

• 当多个负载连到同一电源上时，应将它们的 COM 端短接起来。

4. S7－200PLC 仿真软件

学习 PLC 除了阅读教材和用户手册外，更重要的是要动手编程和上机调试。有的读者苦于没有 PLC，缺乏试验条件，编写程序后无法检验是否正确，编程能力很难提高。PLC 的仿真软件是解决这一问题的理想工具。西门子的 S7－300/400PLC 有非常好的仿真软件 PLCSIM。

近年来在网上流行一种西班牙文的 S7－200 仿真软件，国内以有人将它部分汉化。在网上搜索"S7－200 仿真软件"，可以找到该软件。下载后，不需安装，直接运行其中的 S7－200.exe 文件，输入密码 6596，进入仿真软件。该软件虽不能模拟 S7－200 的全部指令和全部功能，但是仍为一个很好的工具软件。

（1）硬件设置。执行菜单命令"配置－CPU 型号"，在"CPU 型号"对话框的下拉式列表框中选择 CPU 的型号。用户还可以修改 CPU 的网络地址，一般使用默认的地址 2。

CPU 模块右边空的方框是扩展模块的位置，双击紧靠一配置的模块右侧的方框，在出现的"配置控制模块"对话框中选择需要添加的 I/O 扩展模块。双击已存在的扩展模块，在"配置控制模块"对话框中选择"无"，可以取消该模块。

图 1-38 中的 CPU 为 CPU224，0 号扩展模块是 4 通道的模拟量输入模块 EM231，点击模块下面的"Configurar"按钮，在出现的对话框中可以设置模拟量输入的量程。模块下面的 4 个滚动条用来设置各个通道的模拟量输入值。

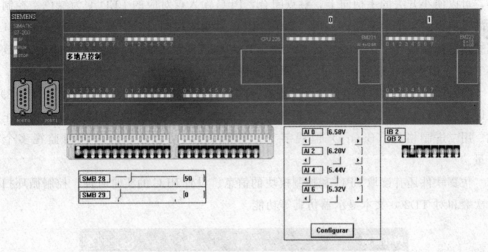

图 1-38　S7-200PLC 仿真软件画面

CPU 模块下面是用于输入数字量信号的小开关板，它上面有 24 个输入信号用的小开关，与 CPU226 的 24 个输入点对应。它的下面有两个直线电位器，SMW28 和 SMW29 是 CPU226 的两个模拟量输入电位器对应的特殊存储器字节，可以用电位器的滑动块来设置它们的值（0~255）。

（2）生成 ASCII 文本文件。仿真软件不能直接接收 S7-200 的程序代码，S7-200 的用户程序必须用"导出"功能转换为 ASCII 文本文件后，再下载到仿真软件中去。

在编程软件中打开一个编译成功的程序块，执行菜单命令"文件→导出"，或用鼠标右键点击某一程序块，在弹出的菜单中执行"导出"命令，在出现的对话框中输入导出的 ASCII 码文本文件的文件名，默认的文件扩展名为".awl"。

如果在 OB1（主程序）上右击，将导出当前项目所有程序（包括子程序和中断程序）的 ASCII 码文本文件的组合。

如果在子程序或中断程序上右击，只能导出当前打开的单个程序的 ASCII 码文本文件。"导出"命令不能导出"数据块"，可以用 Windows 剪贴板的剪切、复制和粘贴功能导出数据块。

（3）下载程序。生成文本文件后，点击仿真软件工具条中左边第 2 个按钮可以下载程序，一般选择下载全部块，按"确定"按钮后，在"打开"对话框中选择要下载的"*.awl"文件。下载成功后，图的 CPU 模块中间的"多地点控制"是下载的程序的名称，同时会出现下载的程序代码文本框，可以关闭该文本框。

如果用户程序中有仿真软件不支持的指令或功能，点击"运行"后，不能切换到 RUN 模式，CPU 模块左侧的"RUN"LED 的状态不会变化。

如果仿真软件支持用户程序中的全部指令或功能，点击"运行"后，从 STOP 模式切换到 RUN 模式，CPU 模块左侧的"RUN"LED 的状态随之变化。

（4）模拟调试程序。用鼠标点击 CPU 模块下面的开关板上小开关上面黑色的部分，可以使小开关的手柄向上，触点闭合，PLC 输入点对应的 LED 变为绿色。控制模块的下面也有 4 个小开关。与用"真正"PLC 做实验相同，对于数字量控制，在 RUN模式用鼠标切换各个小开关的状态，改变 PLC 输入变量的状态，通过模块上的 LED 观察 PLC 输出点的状态变化，可以了解程序执行的结果是否正确。

（5）监视变量。执行菜单命令"查看→内存监视"，在出现的对话框中（见图 1-39），可以监视 V、M、T、C 等内存变量的值。"开始"和"停止"按钮用来启动和停止监视。用二进制格式（Binary）监视字节、字和双字，可以在一行中同时监视多个位变量。

仿真软件还有读取 CPU 和控制模块的信息、设置 PLC 的实时时钟、控制循环扫描的次数和对 TD200 文本显示器仿真等功能。

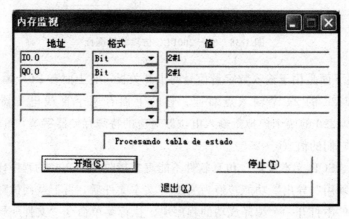

图 1-39　内存监视

1.6.2　能力拓展

1. 控制要求

通过 LD 和 OUT 指令实现指示灯 HL 的接通与断开。要求：按住启动按钮 SB，指示灯接通；松开按钮，指示灯断开。

2. 操作过程

（1）元件选型：由于本任务较为简单，所需的 I/O 点数较少，考虑使用小型的 PLC。

设备选择如下：S7－200 CPU 224 一台，上位机及通信电缆，实验信号灯一个，按钮一个，连接线若干。

（2）列出控制系统 I/O 地址分配表，绘制 I/O 接口线路图（必要的话同时绘出主线路图）。根据线路图连接硬件系统。

（3）根据控制要求，设计梯形图程序。

（4）编写、调试程序。

（5）运行控制系统。

（6）汇总整理文档，保留工程资料。

1.7 思考与练习

1. 什么是 PLC，如何分类？

2. 简述 PLC 的扫描周期和工作过程。

3. 简述 LD、OUT、指令的功能。

4. 将按钮 SB 接 PLC 的输入端 I0.3，指示灯接输出端 Q0.4。控制要求为：按下 SB 时，HL 灯亮；松开 SB 时，HL 灯灭。

（1）绘出控制电路图。

（2）写出输入输出端口分配表。

（3）设计程序梯形图和指令表。

5. 一个控制系统需要 30 点数字量输入，20 点数字量输出、4 点模拟量输入和 2 点模拟量输出。试问：

（1）可以选用哪种主机型号？

（2）如何选择扩展模块？

（3）请画出各模块顺序连接的连接图。

（4）确定各模块的地址分配。

项目 2
音乐喷泉连续运行的 PLC 控制

知识目标

- 理解输入/输出指令、与指令、或指令的含义；
- 熟悉基本指令的应用；
- 了解 SMART PLC 控制系统的设计方法。

能力目标

- 根据音乐喷泉控制要求会进行 I/O 地址分配，并正确接线；
- 学会编程软件的基本操作，掌握用户程序的输入和编辑方法；
- 会用 SMART PLC 编写音乐喷泉运行的控制程序。

2.1　任务导入

在实际生产中，三相交流异步电动机的连续运行控制是应用非常广泛的一种控制。如生产线中的货物传送带、农田灌溉系统中的抽水机、大型购物商场的扶梯等都是三相交流异步电机连续控制的典型应用。它们具有一个共同的特征，就是电机向一个方向运转。图 2-1 为广场上的音乐喷泉控制。控制要求为：合上空气断路器 QF，按下启动按钮 SB1，电动机运转，喷泉喷水；按下停止按钮 SB2，电动机停转，水泵停止工作。

如何用 PLC 去实现这样的控制要求呢？前面已经了解了这一控制过程的硬件连接，本项目将学习更多基本指令，看一看如何指挥 PLC 来完成特定的功能。

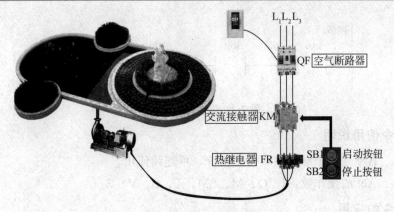

图 2-1　音乐喷泉控制

2.2　任务分析

由图 2-1 可知，广场上的音乐喷泉由三相交流异步电动机和喷水柱构成，根据控制要求只需要向外喷水就行，所以喷水柱只需一个运行方向即可。考虑到系统的安全性和方便性，采用空气开关控制整个系统的总电源，这使得检修十分方便。电动机采用三相交流异步电机，控制电动机的启动和停止采用 1 个交流接触器接通和断开电源，使用 1 个热继电器作为电动机的过载保护，使用 5 个熔断器作为系统短路保护，其中系统电路包括主电路和控制电路两部分。主电路采用三相电源，使用 3 个熔断器；控制电路采用单相 220V 电源，使用 2 个熔断器，使用 2 个控制按钮分别作为启动和停止操作。系统控制器采用西门子 S7—200 系列可编程控制器。

根据控制要求采用 PLC 的基本位逻辑指令进行程序设计，本任务主要应用 A、AN、O、ON 指令。

2.3　知识链接

2.3.1　触点的串联指令

1. 指令功能

（1）A（And）。与操作，在梯形图中表示串联连接单个常开触点。

（2）AN（And not）。与非操作，在梯形图中表示串联连接单个常闭触点。

2. 指令格式

图 2-2 表示了上述两个指令的应用，图中只有 I0.0 和 I0.1 常开触点闭合，I0.3 常闭触点也闭合时，线圈 Q0.0 才能接通。

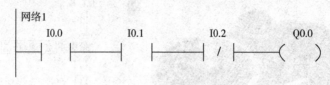

网络1

图 2-2　串联指令的应用

3. 指令使用说明

（1）A、AN 是单个触点串联连接指令，可连续使用。

（2）A、AN 的操作数：I、Q、M、SM、T、C、V、S。

4. 指令的应用

使用三个开关控制一盏灯，要求三个开关全部闭合时，灯亮，其他情况灯灭。程序如图 2-3 所示。

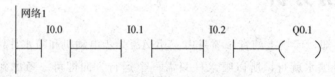

网络1

图 2-3　串联指令的应用

2.3.2　触点并联指令

1. 指令功能

（1）O（Or）。或操作，在梯形图中表示并联连接单个常开触点。

（2）ON（Or Not）。或非操作，在梯形图中表示并联连接单个常闭触点。

2. 指令格式

图 2-4 表示了上述两个指令的应用，图中 I0.0 和 I0.1 常开触点只要有一个闭合，I0.2 常闭触点也闭合时，线圈 Q0.0 才能接通。

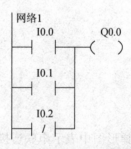

网络1

图 2-4　并联指令的应用

3. 指令使用说明

（1）O、ON 指令可作为并联一个触点指令，紧接在 LD/LDN 指令之后用，即对其前面的 LD/LDN 指令所规定的触点并联一个触点，可以连续使用。

（2）O、ON 的操作数：I、Q、M、SM、T、C、V、S

4. 指令的应用

（1）使用三个开关控制一盏灯，要求任何一个开关闭合时，指示灯亮，其他情况灯灭。程序如图 2-5 所示。

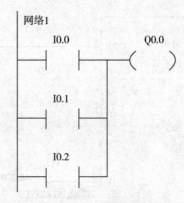

图 2-5　使用三个开关控制一盏灯

（2）白炽灯双联控制的应用，电路图如图 2-6 所示。用 PLC 完成上述控制，对应地址分配如表 2-1 所示，外围接线如图 2-7 所示，双联白炽灯程序如图 2-8 所示。

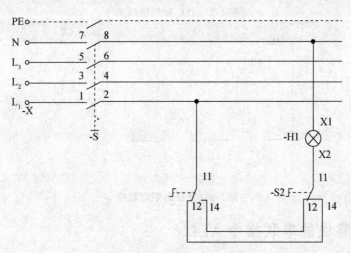

图 2-6　双联白炽灯控制线路

表 2-1　I/O 分配表

输入器件	输入点	输出点	输出器件
开关 S1　11—12	I0.0	Q0.0	白炽灯 HL
开关 S1　11—14	I0.1		

（续表）

输入器件	输入点	输出点	输出器件
开关 S2　11—12	I0.2		
开关 S2　11—14	I0.3		

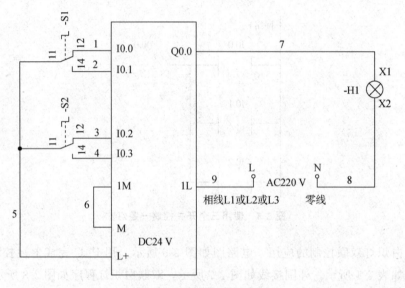

图 2-7　PLC 外部接线图

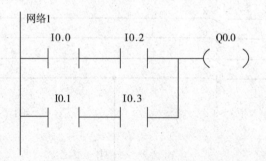

图 2-8　双联白炽灯程序

2.3.3　电路块的串联指令 ALD

1. 指令功能

ALD：块"与"操作，用于串联连接多个并联电路组成的电路块。

2. 指令格式

ALD 指令格式如图 2-9 所示。

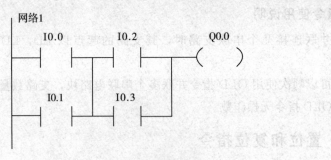

图 2-9   ALD 指令格式

3. 指令使用说明

（1）并联电路块与前面电路串联连接时，使用 ALD 指令。分支的起点用 LD/LDN 指令，并联电路结束后使用 ALD 指令与前面电路串联。

（2）可以顺次使用 ALD 指令串联多个并联电路块，支路数量没有限制，如图 2-10 所示。

（3）ALD 指令无操作数。

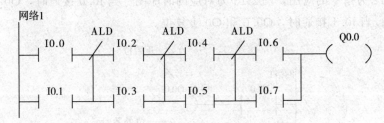

图 2-10   块串联指令的应用

2.3.4   电路块的并联指令 OLD

1. 指令功能

OLD：块"或"操作，用于并联连接多个串联电路组成的电路块。

2. 指令格式

OLD 指令格式如图 2-11 所示。

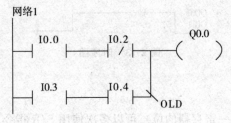

图 2-11   OLD 指令格式

（3）操作数 N 为 VB，IB，QB，MB，SMB，SB，LB，AC，常量，＊VD，＊AC，＊LD。取值范围为 0～255。数据类型为字节。

（4）置位复位指令通常成对使用，也可以单独使用或与指令盒配合使用。

4. 指令的应用

按下启动按钮，三个指示灯同时接通。按下停止按钮，同时停止运行。程序如图 2-14 所示。

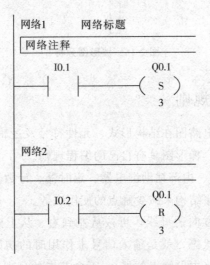

图 2-14　置位复位指令的应用

2.3.6　梯形图中时序图的分析

时序图（波形图）分析是梯形图分析的一种辅助手段。通过波形分析可以非常直观地用图形表达各元件的动作顺序，从而确定程序的控制功能。

以时间为横轴，接通时为高电平，断开为低电平，画出梯形图各元件随时间产生通/断变化的图形即为波形。进行波形分析时，首先要人为地设定输入信号的动作，把握信号发生变化的时间点，对此点进行分析，判断由此引起的梯形图中其他元件的通断状态，如图 2-15 和图 2-16 所示。

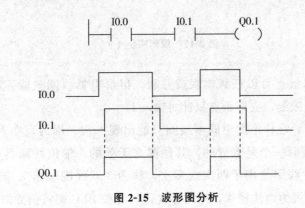

图 2-15　波形图分析

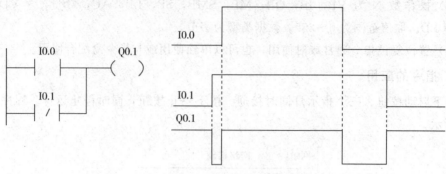

图 2-16 波形图分析

2.3.7 梯形图绘制规则

尽管梯形图与继电器电路图在结构形式、元件符号及逻辑控制功能等方面相类似，但它们又有许多不同之处，梯形图具有自己的编程规则。

（1）输入/输出继电器、内部辅助继电器、定时器、计数器等器件的触点可以多次重复使用，无需复杂的程序结构来减少触点的使用次数。

（2）先画出两条竖直方向的母线，再按从左到右、从上到下的顺序画好每一个逻辑行。梯形图上所画触点状态，就是输入信号未作用时的初始状态。触点应画在水平线上，不能画在垂直线上（主控触点例外）。不含节点的分支应画在垂直方向，不可放在水平方向，以便于识别节点的组合和对输出线圈的控制路径。

（3）梯形图中元素的编号、图形符号应与所用的 PLC 机型及指令系统相一致。每一逻辑行总是起于左母线，然后是触点的连接，最后终止于线圈或右母线（右母线可以不画出，注意：左母线与线圈之间一定要有触点，而线圈与右母线之间则不能有任何触点。触点在前，线圈在后），下图中触点 I0.3 不允许在线圈 Q0.3 后，如图 2-17 所示。

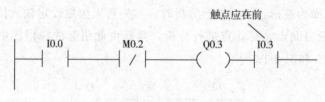

图 2-17 规则实例 1

（4）梯形图中的触点可以任意串联或并联，但继电器线圈只能并联而不能串联。触点的使用次数不受限制，立即触点只针对输入 I。

（5）一般情况下，在梯形图中同一线圈只能出现一次。因为，在重复使用的输出线圈中只有程序中最后一个是有效的，其他都是无效的。输出线圈具有最后优先权，如果在程序中，同一线圈使用了两次或多次，称为"双线圈输出"。对于"双线圈输出"，有些 PLC 将其视为语法错误，绝对不允许；有些 PLC 则将前面的输出视为无效，只有最后一次输出有效；而有些 PLC，在含有跳转指令或步进指令的梯形图中允许双线圈输出。

如图 2-18 所示，输出线圈 Q0.1 是单一使用，表示 I0.1 和 I0.2 两个常开接点中任何一个闭合，输出线圈都得电输出。如图 2-19 所示，输出线圈 Q0.1 是重复使用，重复使用两次，目的和图 2-18 所示一样，要求 I0.1 和 I0.2 两个常开接点中任何一个闭合，输出线圈得电输出，首先需要肯定是图 2-19 所示的程序在语法上是完全正确的，但是，Q0.1 重复使用的输出线圈中，真正有效的是下面的 Q0.1，上面的 Q0.1 是多余的、无效的。也就是说，I0.1 无论是闭合还是断开，都对 Q0.1 不起作用，Q0.1 是否得电是由 I0.2 决定的。

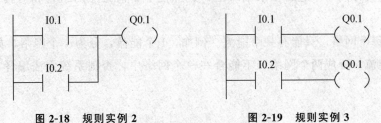

图 2-18　规则实例 2　　　　　　　　图 2-19　规则实例 3

（6）有几个串联电路相并联时，应将串联触点多的回路放在上方（上重下轻原则），如图 2-20 所示。在有几个并联电路相串联时，应将并联触点多的回路放在左方（左重右轻原则），如图 2-21 所示。这样所编制的程序简洁明了，语句较少。

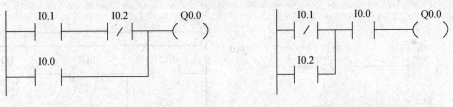

图 2-20　规则实例 4　　　　　　　　图 2-21　规则实例 5

另外，在设计梯形图时输入继电器的触点状态最好按输入设备全部为常开时进行设计更为合适，不易出错。建议用户尽可能用输入设备的常开触点与 PLC 输入端连接，如果某些信号只能用常闭输入，可先按输入设备为常开来设计，然后将梯形图中对应的输入继电器触点取反（常开改成常闭、常闭改成常开）。

（7）输入线圈不能用程序控制，如图 2-22 所示。

Q0.0　　　　　　I0.0

Q 换成 I　　　　　I 换成 Q

图 2-22　规则实例 6

（8）线圈不能直接与母线连接，如果需要，可以通过特殊内部标志位存储器 SM0.0（该位始终为 1）来连接。如图 2-23 所示。

图 2-23　规则实例 7

（9）梯形图中的触点应画在水平线上，而不能画在垂直分支上。不包含触点的分支应放在垂直方向，不应放在水平线上，这样便于看清触点的组合和对输出线圈的控制路线。

（10）每个网络，只能有一个能流。例如，1 个能流，分为 1 个网络，如图 2-24 所示。两个能流，分成两个网络，不能合在一个网络中，否则系统无法编译，如图 2-25 所示。

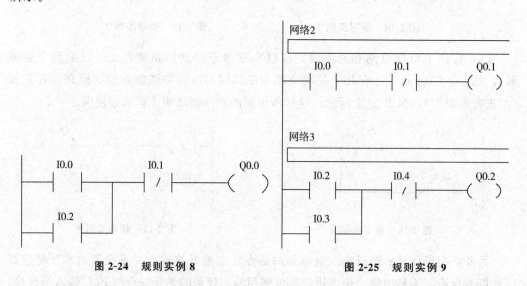

图 2-24　规则实例 8　　　　　　　　图 2-25　规则实例 9

（11）梯形图画得合理，编程时指令的使用数量可以减少。常用的继电器图形符号与 PLC 图形符号的对应关系不能混淆。

2.4　任务实施

2.4.1　设备配置

设备配置如下。

（1）一台 S7－200PLC 系列 CPU224 及以上 PLC。

（2）装有 STEP7－Micro/WINV4.0SP$_6$ 及以上版本编程软件的 PC 机。

（3）电机连续运行控制模拟装置。

（4）PC/PPI 电缆。

（5）导线若干。

2.4.2　电机连续运行控制输入输出分配表

根据任务分析可知启动按钮，停止按钮属于控制信号，作为 PLC 的输入量分配接线端子；接触器线圈属于被控对象，作为 PLC 的输出量分配接线端子。I/O 分配如表 2-2 所示。

表 2-2　I/O 分配表

输入端子			输出端子		
输入端子	输入元件	作用	输出端子	输出元件	作用
I0.0	SB1	启动按钮	Q0.0	KM	电动机 M
I0.1	SB2	停止按钮			

2.4.3　电机连续运行控制的硬件接线图及连接硬件

图 2-26 为 PLC 硬件接线图。在项目实施过程中，按照此接线图连接硬件。

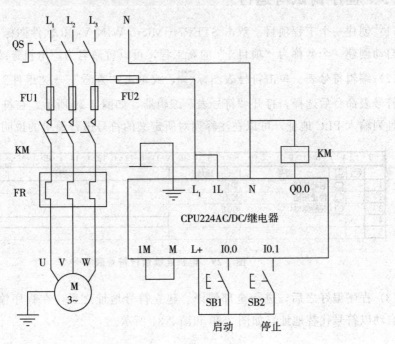

图 2-26　PLC 硬件接线图

2.4.4 设计梯形图程序

图 2-27 为本控制任务的对应的梯形图，图 2-28 为用置位和复位指令编写的梯形图。

```
        I0.0        I0.1        Q0.0
   ┌─────┤├─────┬────┤/├─────────( )──
   │                 │
   │     Q0.0        │
   └─────┤├──────────┘
```

图 2-27 梯形图程序

```
        I0.0              Q0.0
   ┌─────┤├──────────────( S )──
   │                        1
   │
   │     I0.1             Q0.0
   └─────┤├──────────────( R )──
                           1
```

图 2-28 置位复位指令编写的梯形图

2.4.5 程序调试与运行

（1）创建一个工程项目。双击 STEP7－Micro WIN V4.0 软件图标，启动该软件。系统自动创建一个名称为"项目 1"的新工程，可以重命名为"电机连续运行控制"。

（2）编辑符号表。单击符号表图标 ▤，或单击"查看"→"组件"→"符号表"，找到符号表命令后选择，打开"符号表"编辑器，如图 2-29 所示。在符号列输入符号，在地址列输入 PLC 地址，可以在注释列对所定义的符号进行简单的说明。

		符号	地址	注释
1		启动按钮	I0.0	
2		停止按钮	I0.1	
3		接触器KM	Q0.0	
4				
5				

图 2-29 电机连续运行符号表

（3）程序编好之后，进行全部编译。建立符号地址之后，在程序输入过程中，系统会自动以符号代替地址，如图 2-30 和图 2-31 所示。

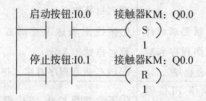

图 2-30　符号和地址同时显示的梯形图 1

图 2-31　符号和地址同时显示的梯形图 2

（4）建立 PLC 与上位机的通信联系，将程序下载到 PLC。建立 PLC 与上位机的通信联系的方法前面已经学习了。建立 PLC 与上位机的通信联系后，单击工具栏下载图标 ，将程序下载到 PLC 的 CPU 中。下载前自动完成程序的编译，若编译有误，错误信息在输出窗口显示，下载失败。

（5）运行程序。单击工具栏运行图标 ▶，运行程序。可单击监控图标 🔳 进入监控状态，观察程序运行结果。可以使用强制功能，进行脱机调试。

（6）操作控制按钮，观察运行结果。

（7）分析程序运行结果，编写相关技术文件。

①控制过程分析。结合梯形图程序与 I/O 接线路图可知：常态时各元件静止。按下启动按钮 SB1，输入点 I0.0 线圈得电，I0.0 的常开触点闭合，信号流到达 Q0.0 线圈，Q0.0 线圈得电，使电动机得电运转，并且同时闭合了并联在 I0.0 的常开触点上的 Q0.0 的常开触点闭合，实现自锁，保持信号流不会因为按钮的释放而断开。按下停止按钮 SB2，输入点 I0.1 线圈得电，I0.1 的常闭触点断开，切断信号流，Q0.0 线圈失电，电动机停止。

②编写相关技术文件。为便于后期调试与维护，每个开发工程必须留存相关的技术文件。

2.5　任务评价

本任务的考评点、各考评点在本任务中所占分值、各考评点的评价方式、各考评点的评价标准及其本任务在课程考核成绩中的比例如表 2-3 所示。

表 2-3　电机连续运行的 PLC 控制任务评价表

序号	主要内容	考核要求	评分标准	配分	扣分	得分
1	电路及程序设计	①根据控制要求，列出 PLC 输入/输出（I/O）口元器件的地址分配表和设计 PLC 输入/输出（I/O）口的接线图 ②根据控制要求设计 PLC 梯形图程序和对应的指令表程序	①PLC 输入/输出（I/O）地址遗漏或搞错，每处扣 5 分 ②PLC 输入/输出（I/O）接线图设计不全或设计有错，每处扣 5 分 ③梯形图表达不正确或画法不规范，每处扣 5 分 ④接线图表达不正确或画法不规范，每处扣 5 分 ⑤PLC 指令程序有错，每条扣 5 分	40		
2	程序输入及调试	①熟练操作 PLC 键盘，能正确地将所编写的程序输入 PLC ②按照被控设备的动作要求进行模拟调试，达到设计要求	①不会熟练操作 PLC 键盘输入指令，扣 10 分 ②不会用删除、插入、修改等命令，每次扣 10 分 ③缺少功能每项扣 25 分	30		
3	通电试车	在保证人身和设备安全的前提下，通电试车成功	①第一次试车不成功扣 10 分 ②第二次试车不成功扣 20 分 ③第三次试车不成功扣 30 分	30		
4	安全文明生产	①严格按照用电的安全操作规程进行操作 ②严格遵守设备的安全操作规程进行操作 ③遵守 6S 管理守则	①违反用电的安全操作规程进行操作，酌情扣 5~40 分 ②违反设备的安全操作规程进行操作，酌情扣 5~40 分 ③违反 6S 管理守则，酌情扣 1~5 分	倒扣		
备注	除了定额时间外，各项内容的最高分不应超过配分数；每超时 5 min 扣 5 分		合计	100		
定额时间	120 min	开始时间	结束时间	考评员签字		年　月　日

2.6　知识和能力拓展

2.6.1　知识拓展

1. S7－200 系列 PLC 数据存储类型

（1）数据长度。在计算机中使用的都是二进制数，其最基本的存储单位是位

（bit），8 位二进制数组成 1 个字节（Byte）。其中，第 0 位为最低位（LSB），第 7 位为最高位（MSB），如图 2-29 所示。两个字节（16 位）组成 1 个字（Word），两个字（32 位）组成 1 个双字（Double word），如图 2-33 所示。把位、字节、字和双字占用的连续位数称为长度。

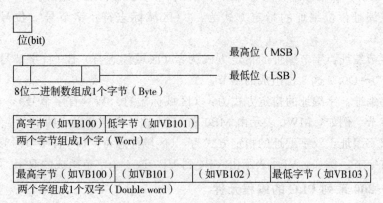

图 2-32　数据长度

二进制数的"位"只有 0 和 1 两种的取值，开关量（或数字量）也只有两种不同的状态，如触点的断开和接通，线圈的失电和得电等。在 S7－200 梯型图中，可用"位"描述它们，如果该位为 1 则表示对应的线圈为得电状态，触点为转换状态（常开触点闭合、常闭触点断开）；如果该位为 0，则表示对应线圈，触点的状态与前者相反。

（2）数据类型及数据范围。S7－200 系列 PLC 的数据类型可以是字符串、布尔型（0 或 1）、整数型和实数型（浮点数）。布尔型数据指字节型无符号整数；整数型数包括 16 位符号整数（INT）和 32 位符号整数（DINT）。实数型数据采用 32 位单精度数来表示。数据类型、长度及数据范围如表 2-3 所示。

表 2-7　数据类型、长度及数据范围

数据的长度、类型	无符号整数范围		符号整数范围	
	十进制	十六进制	十进制	十六进制
字节 B（8 位）	0～255	0～FF	－128～127	80～7F
字 W（16 位）	0～65535	0～FFFF	－32768～32767	8000～7FFF
双字 D（32 位）	0～4294967295	0～FFFFFFFF	－2147483648～2147483647	80000000～7FFFFFFF
位（BOOL）	0、1			
实数	$-10^{38} \sim 10^{38}$			
字符串	每个字符串以字节形式存储，最大长度为 255 个字节，第一个字节中定义该字符串的长度			

2. S7－200 系列 PLC 编址方式

可编程控制器的编址就是对 PLC 内部的元件进行编码，以便程序执行时可以唯一地识别每个元件。存储器的单位可以是位（bit）、字节（Byte）、字（Word）、双字（Double Word），那么编址方式也可以分为位、字节、字、双字编址。

（1）位编址：位编址的指定方式为：（区域标志符）字节号.位号，如 I0.0；Q0.0；M0.0。

（2）字节编址：字节编址的指定方式为：（区域标志符）B（首字节号），如 QB0 表示由 Q0.0～Q0.7 这 8 位组成的字节。

（3）字编址：字编址的指定方式为：（区域标志符）W（首字节号），且最高有效字节为首字节。例如，MW0 表示由 MB0 和 MB1 这 2 个字节组成的字。

（4）双字编址：双字编址的指定方式为：（区域标志符）D（首字节号），且最高有效字节为首字节。例如，VD4 表示由 VB4 到 VB7 这 4 个字节组成的双字。

3. S7－200 系列 PLC 的编程元件

PLC 内部在数据存储区为每一种元件分配一个存储区域，并用字母作为区域标志符，同时表示元件的类型。如：数字量输入写入输入映象寄存器（区域标志符为 I），数字量输出写入输出映象寄存器（区域标志符为 Q），模拟量输入写入模拟量输入映象寄存器（区域标志符为 AI），模拟量输出写入模拟量输出映象寄存器（区域标志符为 AQ）。除了输入输出外，PLC 还有其他元件，V 表示变量存储器；M 表示内部标志位存储器；SM 表示特殊标志位存储器；L 表示局部存储器；T 表示定时器；C 表示计数器；HC 表示高速计数器；S 表示顺序控制存储器；AC 表示累加器。

（1）输入映像寄存器（输入继电器）。

①输入映像寄存器的工作原理。输入继电器是 PLC 用来接收用户设备输入信号的接口。PLC 中的"继电器"与继电器控制系统中的继电器有本质性的差别，是"软继电器"，它实质是存储单元。

每一个"输入继电器"线圈都与相应的 PLC 输入端相连（如图 2-33 所示，"输入继电器"I0.0 的线圈与 PLC 的输入端子 I0.0 相连），当外部开关信号闭合，则"输入继电器的线圈"得电，在程序中其常开触点闭合，常闭触点断开。由于存储单元可以无限次的读取，所以有无数对常开、常闭触点供编程时使用。编程时应注意，"输入继电器"的线圈只能有外部信号来驱动，不能在程序内部用指令来驱动，因此，在用户编制的梯形图中只应出现"输入继电器"的触点，而不应出现"输入继电器"的线圈。

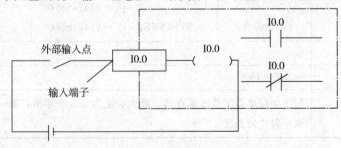

图 2-33　输入继电器工作原理

②输入映像寄存器的地址分配。S7－200输入映像寄存器区域有IB0～IB15共16个字节的存储单元。系统对输入映像寄存器是以字节（8位）为单位进行地址分配的。输入映像寄存器可以按位进行操作，每一位对应一个数字量的输入点。如CPU224的基本单元输入为14点，需占用2×8＝16位，即占用IB0和IB1两个字节。而I1.6、I1.7因没有实际输入而未使用，用户程序中不可使用。但如果整个字节未使用如IB3～IB15，则可作为内部标志位（M）使用。

输入继电器可采用位，字节，字或双字来存取。输入继电器位存取的地址编号范围为I0.0～I15.7。

（2）输出映像寄存器（输出继电器）。

①输出映像寄存器的工作原理。"输出继电器"是用来将输出信号传送到负载的接口，每一个"输出继电器"线圈都与相应的PLC输出相连（如图2-34所示）并有无数对常开和常闭触点供编程时使用。除此之外，还有一对常开触点与相应PLC输出端相连（如输出继电器Q0.0有一对常开触点与PLC输出端子0.0相连）用于驱动负载。输出继电器线圈的通断状态只能在程序内部用指令驱动。

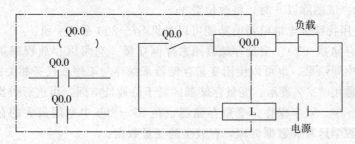

图2-34 输出映像寄存器的工作原理

②输出映像寄存器的地址分配。S7－200输出映像寄存器区域有QB0～QB15共16个字节的存储单元。系统对输出映像寄存器也是以字节（8位）为单位进行地址分配的。输出映像寄存器可以按位进行操作，每一位对应一个数字量的输出点。如CPU224的基本单元输出为10点，需占用2×8＝16位，即占用QB0和QB1两个字节。但未使用的位和字节均可在用户程序中作为内部标志位使用。

输出继电器可采用位，字节，字或双字来存取。输出继电器位存取的地址编号范围为Q0.0～Q15.7。

（3）通用辅助继电器（M）。通用辅助继电器如同电器控制系统中的中间继电器，在PLC中没有输入输出端与之对应，因此通用辅助继电器的线圈不直接受输入信号的控制，其触点也不能直接驱动外部负载。所以，通用辅助继电器只能用于内部逻辑运算。通用辅助继电器用"M"表示，通用辅助继电器区属于位地址空间，范围为M0.0～M31.7，可进行位、字节、字、双字操作。

（4）特殊标志继电器（SM）。有些辅助继电器具有特殊功能或存储系统的状态变量、有关的控制参数和信息，我们称为特殊标志继电器。用户可以通过特殊标志来沟通PLC与被控对象之间的信息，如可以读取程序运行过程中的设备状态和运算结果信息，利用这些信息用程序实现一定的控制动作。用户也可通过直接设置某些特殊标志继电器位来使设备实现某种功能。

特殊标志继电器用"SM"表示，特殊标志继电器区根据功能和性质不同具有位、字节、字和双字操作方式。其中 SMB0、SMB1 为系统状态字，只能读取其中的状态数据，不能改写，可以位寻址。系统状态字中部分常用的标志位说明如下：

- SM0.0：始终接通；
- SM0.1：首次扫描为 1，以后为 0，常用来对程序进行初始化；
- SM0.2：当机器执行数学运算的结果为负时，该位被置 1；
- SM0.3：开机后进入 RUN 方式，该位被置 1 一个扫描周期；
- SM0.4：该位提供一个周期为 1 min 的时钟脉冲，30 s 为 1，30 s 为 0；
- SM0.5：该位提供一个周期为 1 s 的时钟脉冲，0.5 s 为 1，0.5 s 为 0；
- SM0.6：该位为扫描时钟脉冲，本次扫描为 1，下次扫描为 0；
- SM1.0：当执行某些指令，其结果为 0 时，将改位置 1；
- SM1.1：当执行某些指令，其结果溢出或为非法数值时，将改位置 1；
- SM1.2：当执行数学运算指令，其结果为负数时，将改位置 1；
- SM1.3：试图除以 0 时，将改位置 1；
- 其他常用特殊标志继电器的功能可以参见 S7－200 系统手册。

（5）变量存储器（V）。变量存储器用来存储变量。它可以存放程序执行过程中控制逻辑操作的中间结果，也可以使用变量存储器来保存与工序或任务相关的其他数据。

变量存储器用"V"表示，变量存储器区属于位地址空间，可进行位操作，但更多的是用于字节、字、双字操作。变量存储器也是 S7－200 中空间最大的存储区域，所以常用来进行数学运算和数据处理，存放全局变量数据。

（6）局部变量存储器（L）。局部变量存储器用来存放局部变量。局部变量与变量存储器所存储的全局变量十分相似，主要区别是全局变量是全局有效的，而局部变量是局部有效的。全局有效是指同一个变量可以被任何程序（包括主程序、子程序和中断程序）访问；而局部有效是指变量只和特定的程序相关联。

S7—200 PLC 提供 64 个字节的局部存储器，其中 60 个可以作暂时存储器或给子程序传递参数。主程序、子程序和中断程序在使用时都可以有 64 个字节的局部存储器可以使用。不同程序的局部存储器不能互相访问。机器在运行时，根据需要动态地分配局部存储器：在执行主程序时，分配给子程序或中断程序的局部变量存储区是不存在的，当子程序调用或出现中断时，需要为之分配局部存储器，新的局部存储器可以是曾经分配给其他程序块的同一个局部存储器。

局部变量存储器用"L"表示，局部变量存储器区属于位地址空间，可进行位操作，也可以进行字节、字、双字操作。

（7）顺序控制继电器（S）。顺序控制继电器用在顺序控制和步进控制中，它是特殊的继电器。有关顺序控制继电器的使用请阅读本章后续有关内容。

顺序控制继电器用"S"表示，顺序控制继电器区属于位地址空间，可进行位操作，也可以进行字节、字、双字操作。

（8）定时器（T）。定时器是可编程序控制器中重要的编程元件，是累计时间增量的内部器件。自动控制的大部分领域都需要用定时器进行定时控制，灵活地使用定时器可以编制出动作要求复杂的控制程序。

定时器的工作过程与继电器接触器控制系统的时间继电器基本相同。使用时要提前输入时间预置值。当定时器的输入条件满足且开始计时，当前值从 0 开始按一定的时间单位增加；当定时器的当前值达到预置值时，定时器动作，此时它的常开触点闭合，常闭触点断开，利用定时器的触点就可以按照延时时间实现的各种控制规律或动作。

（9）计数器（C）。计数器用来累计内部事件的次数。可以用来累计内部任何编程元件动作的次数，也可以通过输入端子累计外部事件发生的次数，它是应用非常广泛的编程元件，经常用来对产品进行计数或进行特定功能的编程。使用时要提前输入它的设定值（计数的个数）。当输入触发条件满足时，计数器开始累计其输入端脉冲电位跳变（上升沿或下降沿）的次数；当计数器计数达到预定的设定值时，其常开触点闭合，常闭触点断开。

（10）模拟量输入映像寄存器（AI）、模拟量输出映像寄存器（AQ）。模拟量输入电路用以实现模拟量/数字量（A/D）之间的转换，而模拟量输出电路用以实现数字量/模拟量（D/A）之间的转换，PLC 处理的是其中的数字量。

在模拟量输入/输出映像寄存器中，数字量的长度为 1 字长（16 位），且从偶数号字节进行编址来存取转换前后的模拟量值，如 0、2、4、6、8。编址内容包括元件名称、数据长度和起始字节的地址，模拟量输入映像寄存器用 AI 表示、模拟量输出映像寄存器用 AQ 表示，如：AIW10、AQW4 等。

PLC 对这两种寄存器的存取方式不同的是，模拟量输入寄存器只能作读取操作，而对模拟量输出寄存器只能作写入操作。

（11）高速计数器（HC）。高速计数器的工作原理与普通计数器基本相同，它用来累计比主机扫描速率更快的高速脉冲。高速计数器的当前值为双字长（32 位）的整数，且为只读值。高速计数器的数量很少，编址时只用名称 HC 和编号，如：HC2。

（12）累加器（AC）。S7—200PLC 提供 4 个 32 位累加器，分别为 AC0、AC1、AC2、AC3，累加器（AC）是用来暂存数据的寄存器。它可以用来存放数据如运算数据、中间数据和结果数据，也可用来向子程序传递参数，或从子程序返回参数。使用时只表示出累加器的地址编号，如 AC0。累加器可进行读、写两种操作，在使用时只出现地址编号。累加器可用长度为 32 位，但实际应用时，数据长度取决于进出累加器的数据类型

4. S7—200 系列 PLC 的扩展功能模块

（1）扩展单元。扩展单元没有 CPU，不能单独使用，只能与基本单元连接使用，S7—200 的扩展单元包括数字量扩展单元，模拟量扩展单元，热电偶、热电阻扩展模块，PROFIBUS—DP 通信模块等。

在 S7—200 中，当需要 I/O 扩展时，需要考虑三方面因素。

①主机单元允许连接的扩展单元数量。

②主机单元的输入/输出映像寄存器数量。

③主机单元在 DC5V 下允许的最大扩展电流。

（2）常用扩展模块介绍。

①数字量扩展模块：S7－200PLC 系列总共可以提供三大类共 9 种数字量输入/输出扩展模块，如表 2-8 所示。

表 2-8　数字量扩展模块

类型	型号	各组输入点数	各组输出点数
输入　扩展模块 EM221	EM221　24 V　DC 输入	4，4	—
	EM221　230 V　AC 输入	8 点相互独立	—
输出　扩展模块 EM222	EM222　24 V　DC 输出	—	4，4
	EM222 继电器输出	—	4，4
	EM222　230 V　AC 双向晶闸管输出	—	8 点相互独立
输入/输出扩展模块 EM223	EM223　24 V　DC 输入/继电器输出	4	4
	EM223　24 V　DC 输入/24 VDC 输出	4，4	4，4
	EM223　24 V　DC 输入/24 VDC 输出	8，8	4，4，8
	EM223　24 V　DC 输入/继电器输出	8，8	4，4，4，4

②模拟量扩展模块：模拟量扩展模块提供了模拟量输入/输出的功能，其数据如表 2-9 所示。

表 2-9　模拟量扩展模块

模块	EM231	EM232	EM235
点数	4 路模拟量输入	2 路模拟量输出	4 路输入，1 路输出

③热电偶、热电阻扩展模块：EM231 热电偶模块用于 7 种热电偶类型 J、K、E、N、S、T 和 R 型。用户必须用 DIP 开关来选择热电偶的类型，连到同一模块上的热电偶必须是相同类型。外形如图 2-35 所示。

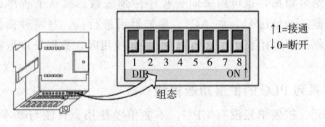

图 2-35　DIP 开关选择示意图

2.6.2　能力拓展

1. 控制要求

试用 PLC 设计电动机既能点动又能连续运行的程序。要求：按下点动按钮，电动机点动运行；松开按钮，电动机停止运行；按下连续运行启动按钮，电动机连续运行，按下停止按钮，电动机停止运行。

2. 操作过程

（1）元件选型：由于本任务较为简单，所需的 I/O 点数较少，考虑使用小型的 PLC。

设备选择如下：S7－200 CPU 224 一台，上位机及通信电缆，实验信号灯一个，按钮一个，连接线若干。

（2）列出控制系统 I/O 地址分配表，绘制 I/O 接口线路图（必要的话同时绘出主线路图）。根据线路图连接硬件系统。

（3）根据控制要求，设计梯形图程序。

（4）编写、调试程序。

（5）运行控制系统。

（6）汇总整理文档，保留工程资料。

2.7　思考与练习

1. 在继电器控制电路中，停止按钮通常使用常闭触点，在 PLC 控制电路中，停止按钮能否使用常闭触点，如果使用常闭触点，梯形图如何修改？

2. 设计程序要求楼上和楼下（各有一个启动和停止开关）都能控制指示灯的接通和断开。

3. 用 PLC 设计两台电动机程序，要求：这两台电动机既能分别启动和停止，又能同时启动和停止。

4. 将三个灯接在输出端上，要求：SB1、SB2、SB3 三个按钮任意一个被按下时，灯 HL0 亮；按下任意两个按钮时，灯 HL1 亮；同时按下三个按钮时，灯 HL2 亮；没有按下时所有灯都不亮。

项目 3
太阳能电池板追光的 PLC 控制

知识目标

- 熟悉互锁电路的构成；
- 熟悉太阳能板追光控制的工作原理；
- 掌握脉冲生成指令的基本应用。

能力目标

- 能熟练使用 PLC 编程软件；
- 能绘制太阳能板追光控制的 I/O 接线图；
- 能够完成太阳能板追光 PLC 控制线路的安装及程序设计；
- 能够按规定进行通电调试，出现故障时，能根据设计要求独立检修。

3.1 任务导入

随着能源和环境问题的日益严重，太阳能与光伏等新能源的开发、利用越来越受到社会的关注。太阳能是一种清洁的绿色能源，然而转换率和利用率却不高，使得太阳能受到了很大的局限，如何提高转换率，降低发电成本，是目前急需解决的问题。本任务基于西门子 PLC、传感器等自动化产品设计了一种结构简单的太阳能电池板追光系统。

控制要求如下：按下启动按钮 SB1，东西和南北方向同时开始追踪太阳，当追日传感器的信号触点均断开时，表示电池板已正对太阳，追踪活动结束。当按下停止按钮 SB2 时，不管当前状态如何，东西和南北两个方向的追踪动作立即停止。

3.2 任务分析

光源模拟跟踪装置如图 3-1 所示，该装置由 4 块太阳能电池板组件、3 盏 300W 投射灯、追日跟踪传感器、水平和俯仰运动控制、直流电机和支架组成。追日跟踪传感器在有效光照条件下的全程对阳光高精度测量，并将太阳光方位信号转换成电信号，传送给跟踪传感器。跟踪传感器有 4 个常开触点信号，分别为向南、向东、向西和向北信号，任意信号导通表示需要向该信号运动才能对准太阳，只有 4 个信号触点为全开状态，才能表示最佳点找到。

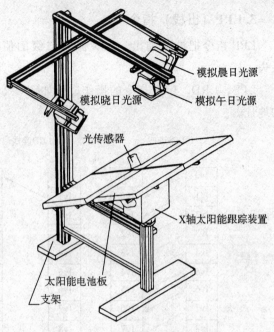

图 3-1 光源模拟跟踪装置实物图

3.3 知识链接

3.3.1 逻辑堆栈指令的功能

S7－200 系列采用模拟栈的结构，用于保存逻辑运算结果及断点的地址，称为逻辑堆栈。S7－200 系列 PLC 中有一个 9 层的堆栈。

堆栈操作指令用于处理线路的分支点。在编制控制程序时，经常遇到多个分支电路同时受一个或一组触点控制的情况，若采用前述指令不容易编写程序，用堆栈操作指令则可方便地将梯形图转换为语句表。

1. LPS（入栈）指令

LPS 指令把栈顶值复制后压入堆栈，栈中原来数据依次下移一层，栈底值压出丢失。

2. LRD（读栈）指令

LRD 指令把逻辑堆栈第二层的值复制到栈顶，2～9 层数据不变，堆栈没有压入和弹出，但原栈顶的值丢失。

3. LPP（出栈）指令

LPP 指令把堆栈弹出一级，原第二级的值变为新的栈顶值，原栈顶数据从栈内丢失。

LPS、LRD、LPP 指令的操作过程如图 3-2 所示。图中 Iv. x 为存储在栈区的断点的地址。

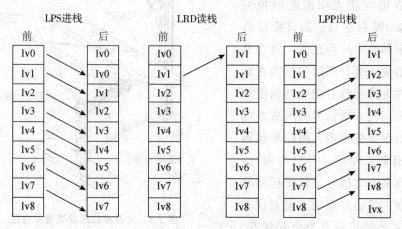

图 3-2　LPS、LRD、LPP 指令的操作过程

3.3.2　逻辑堆栈指令格式

如图 3-3 为逻辑堆栈指令在梯形图中的应用。

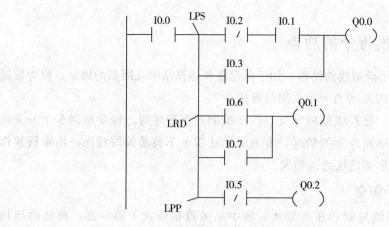

图 3-3　逻辑堆栈指令格式

3.3.3　逻辑堆栈指令使用说明

（1）逻辑堆栈指令可以嵌套使用，最多为 9 层。

（2）为保证程序地址指针不发生错误，入栈指令 LPS 和出栈指令 LPP 必须成对使用，最后一次读栈操作应使用出栈指令 LPP。

（3）堆栈指令没有操作数。

3.4　任务实施

3.4.1　设备配置

设备配置如下。

（1）一台 S7－200PLC 系列 CPU224 及以上 PLC。

（2）装有 STEP7－Micro/WINV4.0SP$_6$ 及以上版本编程软件的 PC 机。

（3）太阳能电池板追日控制模拟装置。

（4）PC/PPI 电缆。

（5）导线若干。

3.4.2　太阳能电池板追日控制输入输出分配表

根据任务分析可知启动按钮、停止按钮以及追踪传感器属于控制信号，作为 PLC 的输入量分配接线端子；东西和南北方向运动电机属于被控对象，作为 PLC 的输出量分配接线端子。I/O 分配如表 3-1 所示。

表 3-1　I/O 分配表

输入端子		输出端子	
输入端子	作用	输出端子	作用
I0.0	启动按钮 SB1	Q0.0	东西电动机向东运动 KA1
I0.1	停止按钮 SB2	Q0.1	东西电动机向西运动 KA2
I0.2	向东运动追踪传感器信号	Q0.2	南北电动机向南运动 KA3
I0.3	向西运动追踪传感器信号	Q0.3	南北电动机向北运动 KA4
I0.4	向南运动追踪传感器信号		
I0.5	向北运动追踪传感器信号		

3.4.3　太阳能电池板追日控制的硬件接线图及连接硬件

图 3-5 为 PLC 硬件接线图。在项目实施过程中，按照此接线图连接硬件。

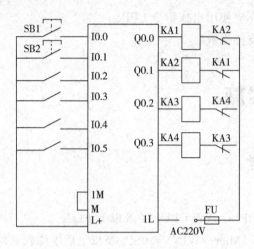

图 3-5　PLC 硬件接线图

3.4.4　编写符号表

如图 3-6 为太阳能电池板追日控制的符号表。

符号表

			符号 ∧	地址	注释
1			启动按钮	I0.0	
2			停止按钮	I0.1	
3			向北信号	I0.5	
4			向北运行	Q0.3	
5			向东信号	I0.2	
6			向东运行	Q0.0	
7			向南信号	I0.4	
8			向南运行	Q0.2	
9			向西信号	I0.3	
10			向西运行	Q0.1	

图 3-6　太阳能电池板追日控制符号表

3.4.5　设计梯形图程序

图 3-7 根据控制要求画出的梯形图，图 3-8 为按照梯形图绘制原则修改的最终的梯形图程序。

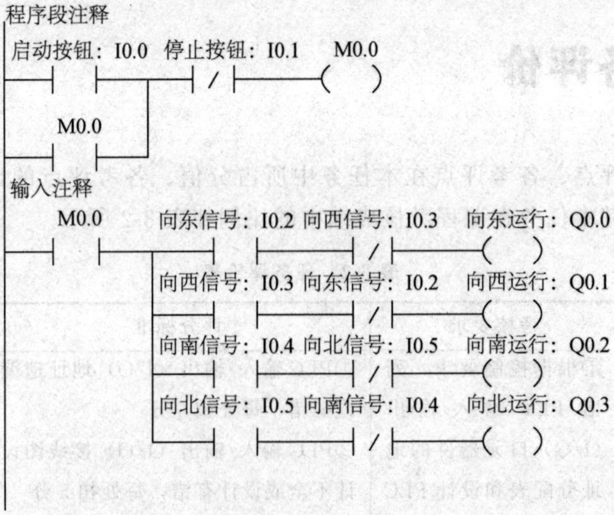

程序段注释

启动按钮：I0.0 停止按钮：I0.1   M0.0
├─┤ ├──────┤ / ├─────────( )

M0.0
├─┤ ├──┤

输入注释

M0.0   向东信号：I0.2 向西信号：I0.3 向东运行：Q0.0
├─┤ ├──────┤ ├──────┤ / ├──────( )

向西信号：I0.3 向东信号：I0.2 向西运行：Q0.1
├ ├──────┤ / ├──────( )

向南信号：I0.4 向北信号：I0.5 向南运行：Q0.2
├ ├──────┤ / ├──────( )

向北信号：I0.5 向南信号：I0.4 向北运行：Q0.3
├ ├──────┤ / ├──────( )

图 3-7　太阳能电池板追日控制梯形图 1

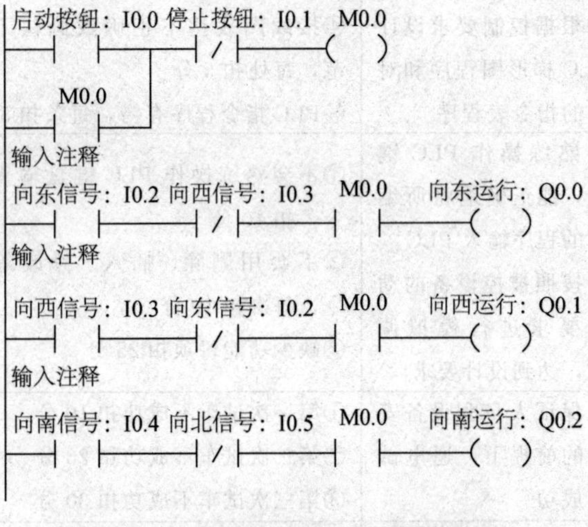

启动按钮：I0.0 停止按钮：I0.1   M0.0
├─┤ ├──────┤ / ├─────────( )

M0.0
├─┤ ├──┤

输入注释

向东信号：I0.2 向西信号：I0.3   M0.0   向东运行：Q0.0
├─┤ ├──────┤ / ├──────┤ ├──────( )

输入注释

向西信号：I0.3 向东信号：I0.2   M0.0   向西运行：Q0.1
├─┤ ├──────┤ / ├──────┤ ├──────( )

输入注释

向南信号：I0.4 向北信号：I0.5   M0.0   向南运行：Q0.2
├─┤ ├──────┤ / ├──────┤ ├──────( )

图 3-8　太阳能电池板追日控制梯形图 2

3.4.6　程序调试与运行

（1）建立 PLC 与上位机的通信联系，将程序下载到 PLC。

（2）运行程序。单击工具栏运行图标 ▶，运行程序。可单击监控图标 ▨ 进入监控状态，观察程序运行结果。可以使用强制功能，进行脱机调试。

（3）操作控制按钮，观察运行结果。

（4）分析程序运行结果，编写相关技术文件。

①控制过程分析。

②编写相关技术文件。为便于后期调试与维护，每个开发工程必须留存相关的技术文件。

3.5 任务评价

本任务的考评点、各考评点在本任务中所占分值、各考评点的评价方式、各考评点的评价标准及其本任务在课程考核成绩中的比例如表 3-2 所示。

表 3-2 任务评价表

序号	主要内容	考核要求	评分标准	配分	扣分	得分
1	电路及程序设计	①根据控制要求，列出 PLC 输入/输出（I/O）口元器件的地址分配表和设计 PLC 输入/输出（I/O）口的接线图 ②根据控制要求设计 PLC 梯形图程序和对应的指令表程序	①PLC 输入/输出（I/O）地址遗漏或搞错，每处扣 5 分 ②PLC 输入/输出（I/O）接线图设计不全或设计有错，每处扣 5 分 ③梯形图表达不正确或画法不规范，每处扣 5 分 ④接线图表达不正确或画法不规范，每处扣 5 分 ⑤PLC 指令程序有错，每条扣 5 分	40		
2	程序输入及调试	①熟练操作 PLC 键盘，能正确地将所编写的程序输入 PLC ②按照被控设备的动作要求进行模拟调试，达到设计要求	①不会熟练操作 PLC 键盘输入指令，扣 10 分 ②不会用删除、插入、修改等命令，每次扣 10 分 ③缺少功能每项扣 25 分	30		
3	通电试车	在保证人身和设备安全的前提下，通电试车成功	①第一次试车不成功扣 10 分 ②第二次试车不成功扣 20 分 ③第三次试车不成功扣 30 分	30		
4	安全文明生产	①严格按照用电的安全操作规程进行操作 ②严格遵守设备的安全操作规程进行操作 ③遵守 6S 管理守则	①违反用电的安全操作规程进行操作，酌情扣 5~40 分 ②违反设备的安全操作规程进行操作，酌情扣 5~40 分 ③违反 6S 管理守则，酌情扣 1~5 分	倒扣		
备注	除了定额时间外，各项内容的最高分不应超过配分数；每超时 5 min 扣 5 分		合计	100		
定额时间	120 min	开始时间	结束时间	考评员签字		年　月　日

3.6　知识与能力拓展

3.6.1　知识拓展

1. 脉冲生成指令

（1）指令功能。

①EU 指令。在 EU 指令前的逻辑运算结果有一个上升沿时（由 OFF—ON）产生一个宽度为一个扫描周期的脉冲，驱动后面的输出线圈。

②ED 指令：在 ED 指令前有一个下降沿时（由 ON—OFF）产生一个宽度为一个扫描周期的脉冲，驱动其后线圈。

（2）指令格式。如图 3-10 为脉冲生成指令的应用，I0.0 的上升沿，经触点产生一个扫描周期的时钟脉冲，驱动输出线圈 M0.1 导通一个扫描周期，M0.1 的常开触点闭合一个扫描周期，使输出线圈 Q0.1 置位为 1，并保持。I0.1 的下降沿，经触点产生一个扫描周期的时钟脉冲，驱动输出线圈 M0.0 导通一个扫描周期，M0.0 的常开触点闭合一个扫描周期，使输出线圈 Q0.1 复位为 0，并保持。

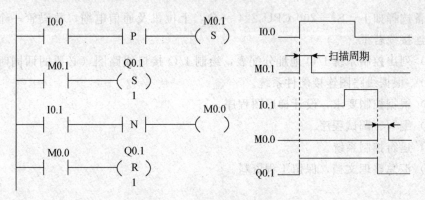

图 3-10　脉冲生成指令的应用

（3）指令说明。

①EU、ED 指令只在输入信号变化时有效，其输出信号的脉冲宽度为一个机器扫描周期。

②对开机时就为接通状态的输入条件，即指令不执行。

③EU、ED 指令无操作数。

（4）指令应用。采用一个启动按钮实现两台电动机分别启动的 PLC 控制，程序如图 3-11 所示，其中两台电机分别用 Q0.0 和 Q0.1 表示。启动按钮用 I0.0，停止按钮用 I0.1。

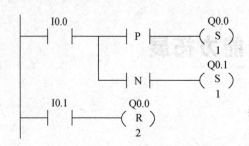

图3-11 脉冲生成指令的应用

3.6.2 能力拓展

1. 控制要求

试用 PLC 设计简单的四人抢答器程序。控制要求：主持人按下启动按钮后，最先按下抢答按钮的获得抢答权，数码管上显示该选手的号码，同时联锁其他参赛选手的输入信号无效。主持人按复位按钮清除显示数码后，比赛继续进行。

2. 操作过程

(1) 元件选型：由于本任务较为简单，所需的 I/O 点数较少，考虑使用小型的 PLC。

设备选择如下：S7－200 CPU 224 一台，上位机及通信电缆，数码管一个，按钮一个，连接线若干。

(2) 列出控制系统 I/O 地址分配表，绘制 I/O 接口线路图（必要的话同时绘出主线路图）。根据线路图连接硬件系统。

(3) 根据控制要求，设计梯形图程序。

(4) 编写、调试程序。

(5) 运行控制系统。

(6) 汇总整理文档，保留工程资料。

3.7 思考与练习

1. 试设计某机床主电动机控制线路图，要求：（1）可正反转；（2）两处起停；（3）有短路保护和过载保护。

2. 简述脉冲生成指令的功能及使用方法。

3. 用脉冲生成指令编写程序，要求：按下启动按钮 M1 立即启动，松开按钮后，M2 才启动。按下停止按钮，M1、M2 同时停止。

4. 设计电机正反转控制程序，控制要求：在正转变反转时，按下反转按钮，先停止正转，延缓片刻松开反转按钮时，再接通反转，反转转正转的过程同理。

项目 4
电机星—三角降压启动 PLC 控制

知识目标

- 了解 PLC 定时器的使用知识及在程序中的作用；
- 理解电机星—三角降压启动的工作过程；
- 理解 S7—200PLC 定时器指令的应用；
- 掌握闪烁信号的构成。

能力目标

- 能灵活使用 PLC 的定时器指令；
- 能按照要求正确连接星—三角降压启动接线；
- 能正确编写并调试电机星—三角降压启动程序；
- 能顺利排除电机星—三角降压启动控制的故障。

4.1 任务导入

在直接启动时，交流电动机的电流可以达到额定值的 5～7 倍，这会对电网电压波动和附近电气设备的正常运行产生很大影响。功率越大，影响越明显。因此，对于容量较大（10 kW 以上）的电动机，要采用降压启动的方法来限制启动电流，以减小启动时对线路的影响。

现有一台功率较大的三相异步电动机，型号为 Y180L—4，额定电压为 380 V，额定功率为 22 kW，额定转速为 1470 r/min，额定电流为 42.5 A，额定频率为 50 Hz。试为该电动机设计一个星—三角降压启动的 PLC 控制程序。

4.2　任务分析

通过对设备的工作过程分析，可以将工作过程分为两部分，即从启动到正常工作部分和从正常工作到完全停止部分。总体来看，主轴电动机控制电路其实就是 Y—△降压启动控制电路。

整个电路的总控制环节采用空气断路器控制整个系统的总电源，这使得检修十分方便。本设计电动机采用三相异步电动机，采用交流接触器实现异步电动机的得电与失电。用一个热继电器作电动机的过载保护，用 5 个熔断器作为系统短路保护。按钮需要 2 个分别作为启动和停止操作。控制系统控制器采用西门子 S7－200 系列可编程控制器。

本任务中三相异步电机的星形－三角形降压启动，是选择时间作为控制参数，涉及按时间规则的控制方式，就必须采用定时器指令来完成。如何正确选择定时器，实现按照时间规则的控制要求进行编程设计，是本项目设计的关键。

4.3　知识链接

S7－200 系列 PLC 的定时器是对内部时钟累计时间增量计时的。每个定时器均有一个 16 位的当前值寄存器用以存放当前值（16 位符号整数）；一个 16 位的预置值寄存器用以存放时间的设定值；还有一位状态位，反应其触点的状态。

4.3.1　定时器工作方式

S7－200 系列 PLC 定时器按工作方式分三大类定时器。其指令格式如表 4-1 所示。

表 4-1　定时器的指令格式

LAD	STL	说明
???? —IN TON ????-PT	TON T××，PT	TON——通电延时定时器 TONR——记忆型通电延时定时器 TOF——断电延时型定时器
???? —IN TONR ????-PT	TONR T××，PT	IN 是使能输入端，指令盒上方输入定时器的编号（T××），范围为 T0～T255；PT 是预置值输入端，最大预置值为 32767；PT 的数据类型：INT；
???? —IN TOF ????-PT	TOF T××，PT	PT 操作数有：IW，QW，MW，SMW，T，C，VW，SW，AC，常数

4.3.2　时基与定时时间的计算

S7－200PLC 提供定时器以 1 ms、10 ms 或 100 ms 的分辨率（基于时间的增量）来计算时间的增量。单位时间的时间增量称为时基，也称分辨率。S7－200 系列 PLC 定时器有 3 种时基：1 ms、10 ms、100 ms。

定时时间的计算：T＝预置值（PT）×时基（S）。

例如，TON 指令使用 100 ms 时基定时器 T37，设定值为 50，则实际定时时间为：

$$T＝PT×S＝50×100＝5\ 000\ ms＝50\ s$$

4.3.3　定时器的编号

定时器编号用定时器的名称和常数 0～255 编号，即 T "x"，如 T38。

定时器编号包含两方面的变量信息：定时器位和定时器当前值。

定时器位：占用 1 位存储空间。当定时器定时时间到达，定时器位置 "ON"；否则定时器位置 "OFF"。

定时器当前值：占用一个 16 位存储空间，最大值为 32 767。存储定时器工作过程中不断变化的当前值数据。

当程序中出现定时器编号 Txxx 时，应能根据操作数长度区分其代表的是定时器位和定时器当前值中哪一个信息。

S7－200 PLC 规定了定时器编号所具有的时基。定时器的时基与编号如表 4-2 所示。

表 4-2　定时器的时基与编号

工作方式	时基/ms	最大定时范围/s	定时器号
TONR	1	32.767	T0, T64
	10	327.67	T1—T4, T65—T68
	100	3 276.7	T5—T31, T69—T95
TON/TOF	1	32.767	T32, T96
	10	327.67	T33—T36, T97—T100
	100	3276.7	T37—T63, T101—T255

从表 4-2 可以看出，TON 与 TOF 使用相同范围的定时器编号。需要注意的是，在同一个梯形图程序中，绝不能把同一个定时器编号同使用作 TON 和 TOF。例如在程序中，不能既有接通延时定时器 T37，又有断电延时定时器 T37。

4.3.4　分辨率对定时器的影响

1 ms 分辨率的定时器的位与当前值的更新与扫描周期不同步。扫描周期大于 1 ms

时，定时器的位和当前值在一个扫描周期内被多次刷新。

10 ms 分辨率的定时器的位与当前值在每个扫描周期开始时被刷新。定时器的位和当前值在整个扫描周期过程中不变。在每个扫描周期开始时将一个扫描周期累计的时间间隔加到定时器当前值上。

100 ms 分辨率的定时器的位与当前值在执行该定时器指令时被刷新。为了使定时器正确地定时，要确保一个扫描周期中只执行一次 100 ms 定时器指令。

4.3.5 定时器指令工作原理

1. 通电延时型定时器 TON

当 I0.0 接通时开始计时，计时到预置值 10 s 时状态位置 1，其常开触点接通，驱动 Q0.1 输出；其后当前值仍增加，但不影响状态位。当 I0.0 断开时，T37 复位，当前值清 0，状态位也清 0，即回复原始状态。若 I0.0 接通时间未到预置值就断开，则 T37 跟随复位，Q0.1 不会输出。通电延时型定时器工作原理分析如图 4-2 所示。

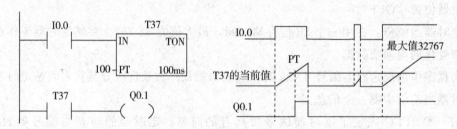

图 4-2　通电延时型定时器工作原理分析

2. 记忆型通电延时定时器 TONR

当 I0.0 接通时开始计时，计时到预置值 10 s 时状态位置 1，其常开触点接通，驱动 Q0.1 输出；其后当前值仍增加，但不影响状态位。当 I0.0 断开时，T37 复位，当前值清 0，状态位也清 0，即恢复原始状态。若 I0.0 接通时间未到预置值就断开，则 T37 跟随复位，Q0.1 不会输出。记忆型通电延时型定时器工作原理分析如图 4-3 所示。

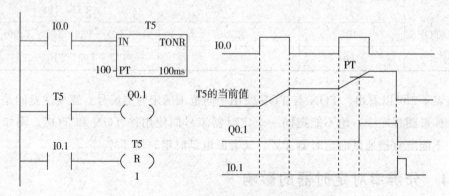

图 4-3　记忆型通电延时型定时器工作原理分析

3. 断电延时定时器 TOF

程序及时序分析如图 4-4 所示。当 I0.0 接通时 Q0.1 通电，T38 常开触点闭合，Q0.2 线圈通电；按下停止按钮 I0.1，Q0.1 立刻断电，同时 T38 当前值开始计时，等当前值达到预置值时，定时器 T38 状态位复位（常开触点断开），并停止计时；Q0.2 线圈断电。

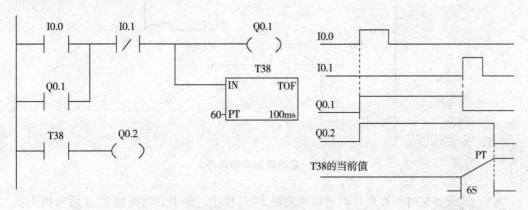

图 4-4 断电延时型定时器工作原理分析

4.3.6 定时器指令的应用

（1）用 PLC 实现一盏灯点亮 5 s 后另外一盏灯自动点亮。按下停止按钮，两个灯全部熄灭。假设启动按钮用 I0.0，停止按钮用 I0.1，第一盏灯用 Q0.0，第二盏灯用 Q0.1，则对应的控制程序如图 4-5 所示。

图 4-5 定时器指令的应用 1

（2）用 I0.0 控制 Q0.1，控制要求如下：I0.0 的常开触点接通后，T37 开始定时，9 s 后 T37 的常开触点接通，使 Q0.1 变为 ON，I0.0 为 ON 时其常闭触点断开，使 T38 复位。I0.0 变为 OFF 后 T38 开始定时，7S 后 T38 的常闭触点断开，使 Q0.1 变为 OFF，T38 亦被复位。程序如图 4-6 所示。

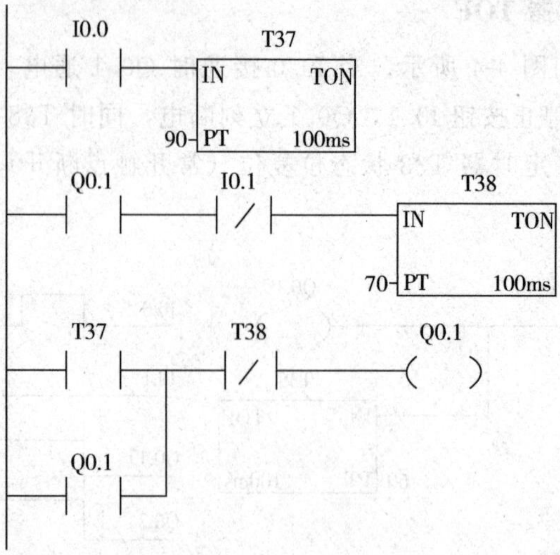

图 4-6　定时器指令的应用 2

（3）试设计按时间原则控制电机换向的 PLC 程序，按下启动按钮 I0.0 后电机先正向运行（Q0.0），以后每运行 15 s 后自动换向运行，为了减少电机突然换向的冲击，每次反向启动（Q0.1）前电机应先停 5 s，当按下停止按钮 I0.1 后电机立刻停止运动。程序如图 4-7 所示。

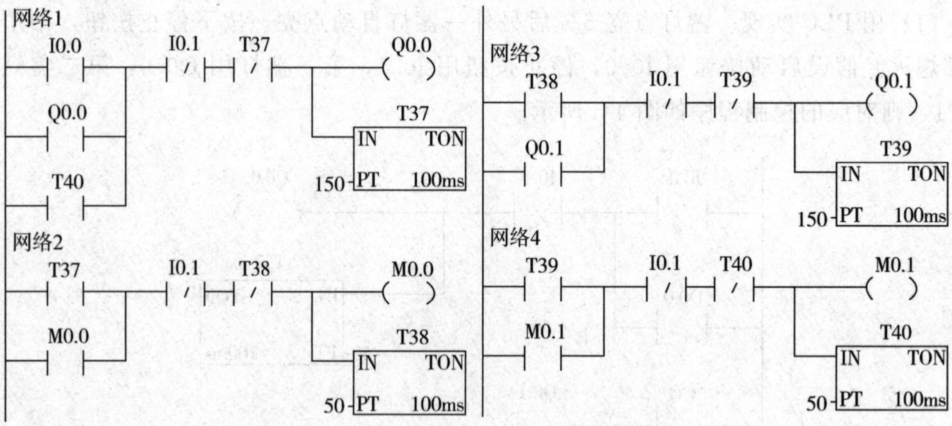

图 4-7　按时间原则控制电机换向程序

4.4　任务实施

4.4.1　设备配置

设备配置如下。

（1）一台 S7—200PLC 系列 CPU224 及以上 PLC。

（2）装有 STEP7－Micro/WINV4.0SP6 及以上版本编程软件的 PC 机。

（3）电机降压启动控制模拟装置。

（4）PC/PPI 电缆。

（5）导线若干。

4.4.2　电机星—三角降压启动控制输入输出分配表

根据任务分析可知启动按钮，停止按钮属于控制信号，作为 PLC 的输入量分配接线端子；接触器线圈属于被控对象，作为 PLC 的输出量分配接线端子。I/O 分配如表 4-3 所示。

表 4-3　I/O 分配表

输入端子			输出端子		
输入端子	输入元件	作用	输出端子	输出元件	作用
I0.1	SB1	启动按钮	Q0.0	接触器 KM1	电源接触器
I0.2	SB2	停止按钮	Q0.1	接触器 KM3	星形运行
			Q0.2	接触器 KM2	三角形启动

4.4.3　电机星—三角降压启动控制接线图及连接硬件

图 4-8 为 PLC 硬件接线图。在项目实施过程中，按照此接线图连接硬件。

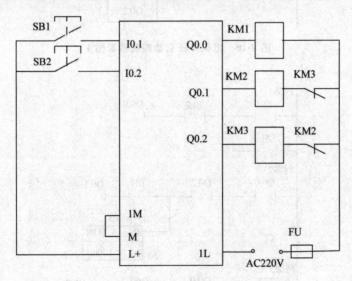

图 4-8　PLC 硬件接线图

4.4.4　编写符号表

编辑符号表如图 4-9 所示。

		符号	地址	注释
1		热继电器FR	I0.0	
2		启动按钮SB1	I0.1	
3		停止按钮SB2	I0.2	
4		电源接触器KM1	Q0.0	
5		星形启动KM3	Q0.1	
6		三角形运行KM2	Q0.2	
7				

图 4-9　降压启动符号表

4.4.5　设计梯形图程序

图 4-10 根据电气原理图画出的梯形图，图 4-11 为按照梯形图绘制原则修改的最终的梯形图程序。

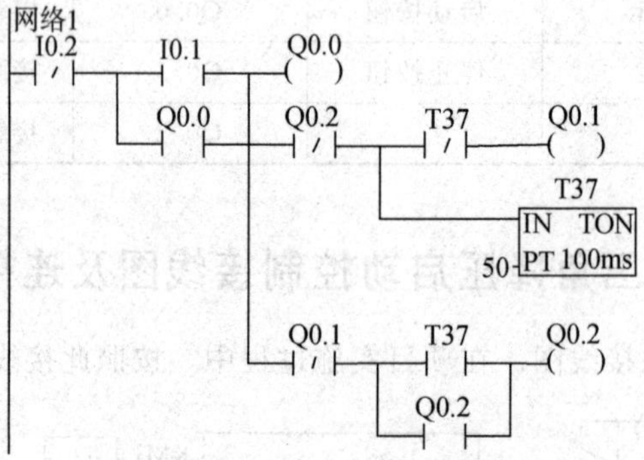

图 4-10　电机降压启动控制梯形图 1

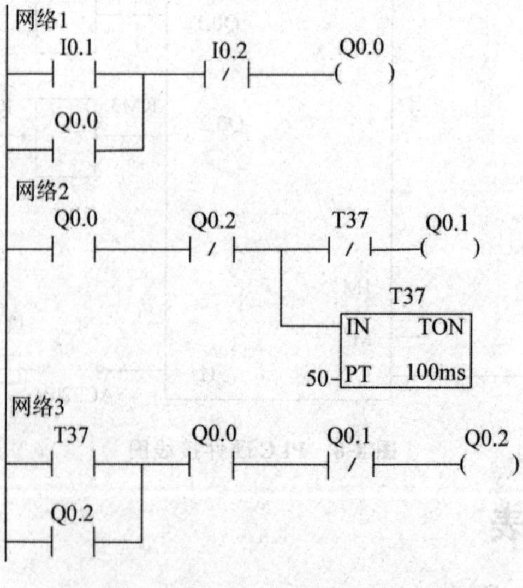

图 4-11　电机降压启动控制梯形图 2

4.4.6 程序调试与运行

（1）建立 PLC 与上位机的通信联系，将程序下载到 PLC。

（2）运行程序。单击工具栏运行图标 ▶，运行程序。可单击监控图标 进入监控状态，观察程序运行结果，可以使用强制功能，进行脱机调试。

（3）操作控制按钮，观察运行结果。

（4）分析程序运行结果，编写相关技术文件。

4.5 任务评价

本任务的考评点、各考评点在本任务中所占分值、各考评点的评价方式、各考评点的评价标准及其本任务在课程考核成绩中的比例如表 4-10 所示。

表 4-10 任务评价表

序号	主要内容	考核要求	评分标准	配分	扣分	得分
1	电路及程序设计	①根据控制要求，列出 PLC 输入/输出（I/O）口元器件的地址分配表和设计 PLC 输入/输出（I/O）口的接线图 ②根据控制要求设计 PLC 梯形图程序和对应的指令表程序	①PLC 输入/输出（I/O）地址遗漏或搞错，每处扣 5 分 ②PLC 输入/输出（I/O）接线图设计不全或设计有错，每处扣 5 分 ③梯形图表达不正确或画法不规范，每处扣 5 分 ④接线图表达不正确或画法不规范，每处扣 5 分 ⑤PLC 指令程序有错，每条扣 5 分	40		
2	程序输入及调试	①熟练操作 PLC 键盘，能正确地将所编写的程序输入 PLC ②按照被控设备的动作要求进行模拟调试，达到设计要求	①不会熟练操作 PLC 键盘输入指令，扣 10 分 ②不会用删除、插入、修改等命令，每次扣 10 分 ③缺少功能每项扣 25 分	30		
3	通电试车	在保证人身和设备安全的前提下，通电试车成功	①第一次试车不成功扣 10 分 ②第二次试车不成功扣 20 分 ③第三次试车不成功扣 30 分	30		

（续表）

序号	主要内容	考核要求	评分标准	配分	扣分	得分
4	安全文明生产	①严格按照用电的安全操作规程进行操作 ②严格遵守设备的安全操作规程进行操作 ③遵守 6S 管理守则	①违反用电的安全操作规程进行操作，酌情扣 5～40 分 ②违反设备的安全操作规程进行操作，酌情扣 5～40 分 ③违反 6S 管理守则，酌情扣 1－5 分	倒扣		
备注	除了定额时间外，各项内容的最高分不应超过配分数；每超时 5 min 扣 5 分		合计	100		
定额时间	120 min	开始时间		结束时间		考评员签字		年　月　日

4.6　知识与能力拓展

4.6.1　知识拓展

1. 脉冲产生程序

（1）由特殊存储器组成。S7－200 系列 PLC 的特殊存储器 SM0.4、SM0.5 可以分别产生占空比为 1/2。脉冲周期为 1 min 和 1 s 的时钟脉冲信号，在需要时可以直接应用。如图 4-12 所示的梯形图中，用 SM0.5 的触点控制输出点 Q0.0，用 SM0.4 的触点控制输出点 Q0.1。

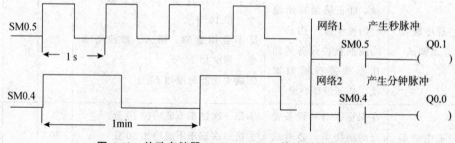

图 4-12　特殊存储器 SM0.4、SM0.5 的波形图及应用

（2）由两个定时器构成。如果产生一个占空比可调的任意周期的脉冲信号则需要两个定时器，图 4-13 和图 4-14 是产生脉冲信号的低电平时间为 1 s，高电平时间为 2 s 的程序。其中，图 4-13 为两个定时器分别延时，图 4-14 为两个定时器累计延时。

当 I0.0 接通时，T41 开始计时，T41 定时 1 s 时间到，T41 常开触点闭合，Q0.0 接通，T40 开始计时；T40 定时 2 s 时间到，T40 常闭触点断开，T41 复位，Q0.0 断开，T40 复位。T40 常闭触点闭合，T41 再次接通延时。因此，输出继电器 Q0.0 周期性通电 2s、断电 1 s。各元件的动作时序如图 4-15 所示。

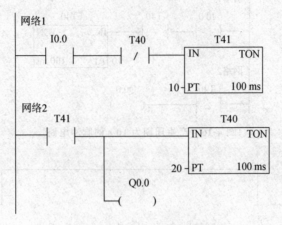

图 4-13　两个定时器分别延时

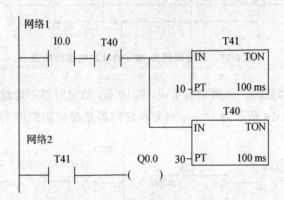

图 4-14　两个定时器累计延时

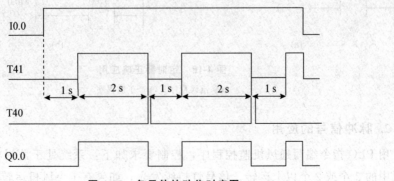

图 4-15　各元件的动作时序图

（3）由一个定时器组成。在实际应用中，也可以组成自复位定时器来产生任意周期的脉冲信号。如图 4-16 所示为产生周期为 10 s 的脉冲信号电路，图 4-17 为对应的时序图。

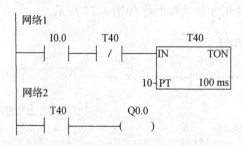

图 4-16　产生周期为 10 s 的脉冲电路

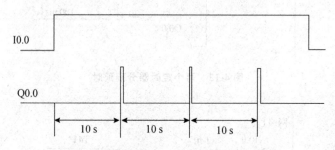

图 4-17　产生周期为 10 s 的脉冲电路时序图

由于扫描机制的原因，分辨率为 1 ms 和 10 ms 的定时器不能组成如图 4-16 所示的自复位定时器，图 4-18 所示为 10 ms 自复位定时器正确使用的例子。

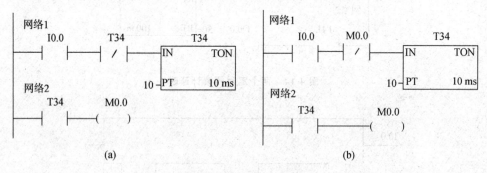

图 4-18　定时器正确应用

（a）错误程序；（b）正确程序

2. 脉冲信号的应用

用 PLC 指令编写通风机监控程序，控制要求如下：系统处于监视状态时，如 3 个风机中的 2 个或 2 个以上运转，信号灯持续发光；如果有 1 个风机运转，信号灯以 1 秒的通断周期闪烁；如果 1 个风机也不转，信号灯以 2s 的通断周期闪烁。系统处于不监视状态时，信号灯熄灭。假设三个风机和风机监控开关分别接入输入端子 I0.0、I0.1、I0.2、I0.3；信号灯接入输出端子 Q0.0。则对应的程序如图 4-19 所示。

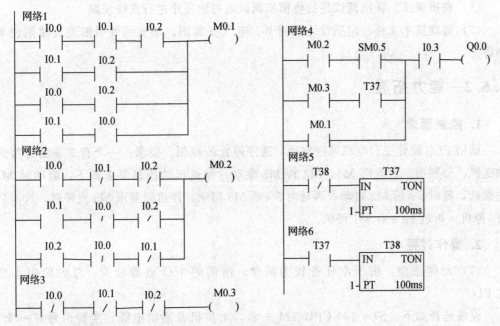

图 4-19　通风机监控程序

3. PLC 程序设计

（1）分析被控对象。分析被控对象的工艺过程及工作特点，了解被控对象机、电之间的配合，确定被控对象对 PLC 控制系统的控制要求。根据生产的工艺过程分析控制要求，如需要完成的动作（动作顺序、动作条件、必须的保护和连锁等）、操作方式（手动、自动、连续、单周期、单步等）。

（2）确定 I/O 设备。根据系统的控制要求，确定系统所需的输入设备（如：按钮、位置开关、转换开关等）和输出设备（如：接触器、电磁阀、信号指示灯等），据此确定 PLC 的 I/O 点数。

（3）选择 PLC，包括 PLC 的机型、容量、I/O 模块、电源的选择。

（4）分配 I/O 点。分配 PLC 的 I/O 点，画出 PLC 的 I/O 端子与 I/O 设备的连接图或对应表，可结合第（2）步进行。

（5）设计软件及硬件。进行 PLC 程序设计、控制柜（台）等硬件及现场施工。由于程序与硬件设计可同时进行，因此 PLC 控制系统的设计周期可大大缩短，而对于继电器系统必须先设计出全部的电气控制电路后才能进行施工设计。

PLC 程序设计的一般步骤在上一任务中已进行介绍。其中，硬件设计及现场施工的步骤如下。

①设计控制柜及操作面板电器布置图及安装接线图。

②设计控制系统各部分的电气互连图。

③根据图纸进行现场接线，并检查。

（6）联机调试。联机调试是指将模拟调试通过的程序进行在线统调。

（7）整理技术文件。包括设计说明书、电气安装图、电气元件明细表及使用说明书等。

4.6.2　能力拓展

1. 控制要求

试用 PLC 设计三台电机顺序启动，逆序停止的控制。要求：一个有 3 条输送带的输送机，分别用 3 台电机 M1、M2 和 M3 驱动，输送机的控制要求如下：启动时 M1 先启动，延时 5 s 后 M2 启动，再延时 5 s 后 M3 启动。停机时要求 M3 先停机，10 s 后 M2 停机，再过 10 s 后 M1 停机。

2. 操作过程

（1）元件选型：由于本任务较为简单，所需的 I/O 点数较少，考虑使用小型的 PLC。

设备选择如下：S7-200 CPU 224 一台，上位机及通信电缆，实验信号灯一个，按钮一个，连接线若干。

（2）列出控制系统 I/O 地址分配表，绘制 I/O 接口线路图（必要的话同时绘出主线路图）。根据线路图连接硬件系统。

（3）根据控制要求，设计梯形图程序。

（4）编写、调试程序。

（5）运行控制系统。

（6）汇总整理文档，保留工程资料。

4.7　思考与练习

1. 某设备有一台大功率主电动机 M1 和一台为 M1 风冷降温的电动机 M2，控制要求如下：按下启动按钮，两台电动机同时启动；按下停止按钮，主电动机 M1 立即停止，冷却电动机 M2 延时 20 s 后自动停止。

2. 某设备有两台电动机，控制要求如下：按下启动按钮，电动机 M1 启动；10 s 后 M2 启动；M2 启动 20 s 后 M1 和 M2 自动停止；若按下停止按钮，两台电动机立即停止。

3. 矩形波信号产生 PLC 控制：设计输出周期为 10 s、占空比为 60% 的矩形波信号。

4. 闪烁灯 PLC 控制：启动按钮启动后输出端口的指示灯以 0.5 s 时间间隔闪烁，10 s 后自动熄灭，也可以按下停止按钮随时熄灭指示灯。

5. 十字路口指示灯 PLC 控制：十字路口指示灯分为红、黄、绿三种，在启动开关闭合后南北方向红灯亮 30 s 期间，东西方向绿灯亮 25 s，再闪烁 3 s 后熄灭，黄灯亮 2 s；然后转为东西方向红灯亮 30 s 期间，南北方向绿灯亮 25 s，再闪烁 3 s 后熄灭，黄灯亮 2 s，如此循环。当夜间控制开关闭合后，东西南北方向的黄灯同时以 1 s 时间间隔闪烁。

项目 5
自动装箱生产线的 PLC 控制

知识目标

- 熟悉自动生产线的 PLC 控制工作原理和程序设计方法；
- 熟悉 S7－200 系列 PLC 的结构和外部 I/O 接线方法；
- 熟悉 STEP 7－Micro/WIN V4.0 SP6 编程软件的使用方法；
- 掌握计数器指令的功能及应用编程。

能力目标

- 能灵活使用 PLC 的计数器指令；
- 能按照要求正确连接产品计数包装的外部接线；
- 能正确编写并调试产品计数包装的控制程序；
- 能顺利排除产品计数包装控制的故障。

5.1 任务导入

PLC 目前已广泛应用于工业生产的自动化控制领域，无论是从国外引进的自动化生产线，还是我国自行设计的自动控制系统，都采用了数字控制。生产线项目包含了计数包装和物流输送两部分内容，综合了 PLC 的计数器，数据处理指令。如图 5-1 是啤酒厂啤酒计数包装控制的生产线，第一条传送带传送啤酒到第二条传送带装箱，通过 A 与 B 两点的光电检测产生计数脉冲信号进行计算啤酒的数量。首先启动第二条传送啤酒箱的传送带，当 A 与 B 两点的光电检测产生计数脉冲信号 24 个时，第一条传送啤酒的传送带暂停，同时启动第二条传送装啤酒箱的传送带往前运行 1 s 暂停并重新启动第一条传送啤酒的传送带循环运行，按下停止按钮两条传送带同时停止。

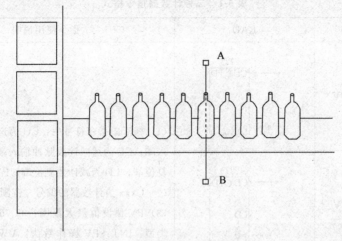

图 5-1　啤酒自动装箱的生产线

5.2　任务分析

　　根据控制要求可知，第一条传送啤酒的传送带需要一台电动机拖动，第二条传送装啤酒箱的传送带需要另一台电动机拖动，通过 A 与 B 两点的光电检测产生计数脉冲信号进行计算啤酒的数量。要想实现上述控制任务，需要用到计数器指令。

5.3　知识链接

5.3.1　计数器指令介绍

　　在生产中需要计数的场合很多，例如对生产流水线上的工件进行定量计数，对线型产品进行定长计数。在 PLC 程序中，可以应用计数器来实现计数控制。S7－200 系列 PLC 共有 256 个计数器，其结构由一个 16 位的预设值寄存器、一个 16 位的当前值寄存器和一位状态位组成。当前值寄存器用以累计脉冲个数，计数器当前值大于或等于预设值时，状态位置 1。

　　S7－200 系列 PLC 有三类计数器：递增计数器（CTU）、增/减计数器（CTUD）和递减计数器（CTD）。

　　三种计数器指令格式如表 5-1 所示。

表 5-1 三种计数器指令格式

STL	LAD	指令使用说明
CTU Cxxx, PV	???? CU CTU -R ????-PV	(1) 梯形图指令符号中：CU 为递增计数脉冲输入端；CD 为递减计数脉冲输入端；R 为加计数复位端；LD 为减计数复位端；PV 为预置值
CTD Cxxx, PV	???? CD CTD -LD ????-PV	(2) Cxxx 为计数器的编号，范围为：C0～C255 (3) PV 预设值最大范围：32 767；PV 的数据类型：INT；PV 操作数为：VW、T、C、IW、QW、MW、SMW、AC、AIW
CTUD Cxxx, PV	???? CU CTUD -CD -R ????-PV	(4) CTU/CTUD/CD 指令使用要点：STL 形式中 CU、CD、R、LD 的顺序不能错；CU、CD、R、LD 信号可为复杂逻辑关系

5.3.2 计数器工作原理

1. 递增计数器指令（CTU）

首次扫描 CTU 时，其状态位为 OFF，其当前值为 0。在梯形图中，递增计数器以功能框的形式编程，指令名称为 CTU，它有 3 个输入端：CU，R 和 PV。PV 为设定值输入。CU 为计数脉冲的启动输入端，当 CU 为 ON 时，在每个输入脉冲的上升沿，计数器计数 1 次，当前值寄存器加 1。

如果当前值达到设定值 PV，计数器动作，状态位为 ON，当前值继续递增计数，最大可达到 32 767。当 CU 由 ON 变为 OFF 时，计数器的当前值停止计数，并保持当前值不变；如果 CU 又变为 ON，则计数器在当前值的基础上继续递增计数。R 为复位脉冲的输入端，当 R 端为 ON 时，计数器复位，使计数器状态位为 OFF，当前值为 0。也可以通过复位指令 R 使 CTU 计数器复位。

在语句表中，递增计数器的指令格式为

CTU Cxxx(计数器号),PV。

CTU 计数器的梯形图及时序图如图 5-2 所示。

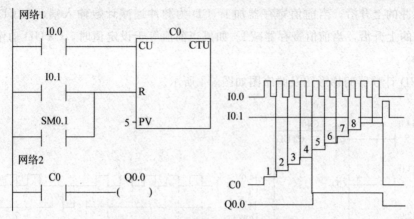

图 5-2　递增计数器的梯形图及时序图

2. 递减计数器指令 CTD

首次扫描 CTD 时，其状态位为 OFF，其当前值为设定值。在梯形图中，递减计数器以功能框的形式编程，指令名称为 CTD，它有 3 个输入端：CD，R 和 PV。PV 为设定值输入端。CD 为计数脉冲的输入端，在每个输入脉冲的上升沿，计数器计数 1 次，当前值寄存器减 1。如果当前值寄存器减到 0 时，计数器动作，状态位为 ON。计数器的当前值保持为 0。R 为复位脉冲的输入端，当 R 端为 ON 时，计数器复位，使计数器状态位为 OFF，当前值为设定值。也可以通过复位指令 R 使 CTD 计数器复位。

在语句表中，递减计数器的指令格式为

CTD Cxxx(计数器号),PV。

CTD 计数器的梯形图及时序图如图 5-3 所示。

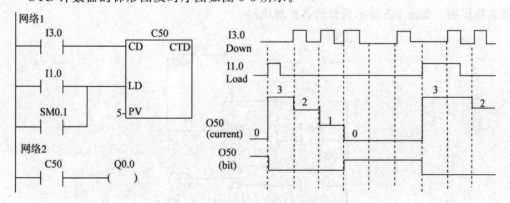

图 5-3　递减计数器的梯形图及时序图

3. 增减计数器指令 CTUD

增减计数器 CTUD，首次扫描时，其状态位为 OFF，当前值为 0。在梯形图中，增减计数器以功能框的形式编程，指令名称为 CTUD，它有 2 个脉冲输入端 CU 和 CD，1 个复位输入端 R 和 1 个设定值输入端 PV。CU 为脉冲递增计数输入端，在 CU 的每个输入脉冲的上升沿，当前值寄存器加 1；CD 为脉冲递减计数输入端，在 CD 的每个输入脉冲的上升沿，当前值寄存器减 1。如果当前值等于设定值时，CTUD 动作，其状态位为 ON。

CTUD 计数器的梯形图及时序图如图 5-4 所示。

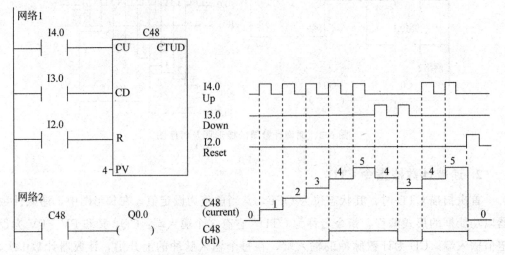

图 5-4　增减计数器的梯形图及时序图

5.3.3　计数器指令的应用

1. 计时器的扩展

S7-200 系列 PLC 计数器最大的计数范围是 32 767，若须更大的计数范围，则需要进行扩展。如图 5-5 所示为计数器扩展电路。

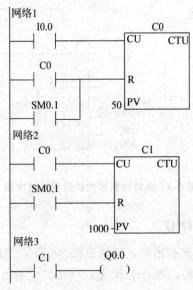

图 5-5　计数器扩展电路

图中是两个计数器的组合电路，C0 形成了一个设定值为 50 次自复位计数器。计数器 C1 对 I0.0 的接通次数进行计数，I0.0 的触点每闭合 50 次 C0 自复位重新开始计数。同时，连接到计数器 C1 端 C0 常开触点闭合，使 C1 计数一次，当 C1 计数到 1 000 次时，I0.0 共接通 50×1 000 次＝50 000 次，C1 的常开触点闭合，线圈 Q0.0 通电。该电路的计数值为两个计数器设定值的乘积，C 总＝C0×C1。

2. 定时器的扩展

S7−200 的定时器的最长定时时间为 3 276.7 s，如果需要更长的定时时间，可使用图 5-6 所示的电路。

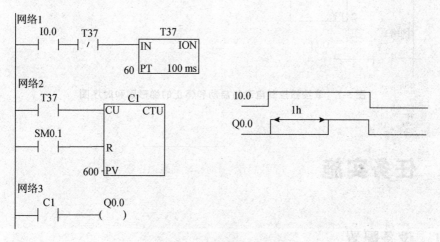

图 5-6　定时器扩展电路

图 5-6 中最上面一行电路是一个脉冲信号发生器，脉冲周期等于 T37 的设定值（60 s）。I0.0 为 OFF 时，100 ms 定时器 T37 和计数器 C4 处于复位状态，它们不能工作。I0.0 为 ON 时，其常开触点接通，T37 开始定时，60 s 后 T37 定时时间到，其当前值等于设定值，它的常闭触点断开，使它自己复位，复位后 T37 的当前值变为 0，同时它的常闭触点接通，使它自己的线圈重新"通电"又开始定时，T37 将这样周而复始地工作，直到 I0.0 变为 OFF。

T37 产生的脉冲送给 C4 计数器，记满 60 个数（即 1 h）后，C4 当前值等于设定值 60，它的常开触点闭合。设 T37 和 C4 的设定值分别为 KT 和 KC，对于 100 ms 定时器总的定时时间为：T＝0.1KTKC（s）。

4. 电动机的单按钮启动/停止控制

在 PLC 控制系统实际应用中，输入信号通常由众多的按钮、行程开关和各类传感器构成，有时可能出现输入继电器点数不够用的状况。在这种情况下，除了增加输入扩展模块外，还可以考虑减少输入继电器的使用点数。例如用单按钮来控制电动机的启动和停止，即第一次按下按钮时电动机启动，第二次按下按钮时电动机停止。采用单按钮控制电动机起动和停止的梯形图和时序图如图 5-7 所示。

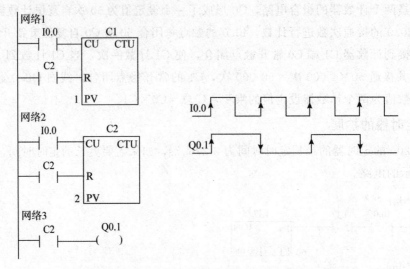

图 5-7 单按钮控制电动机启动和停止的梯形图和时序图

5.4 任务实施

5.4.1 设备配置

设备配置如下。

（1）一台 S7-200PLC 系列 CPU224 及以上 PLC。

（2）装有 STEP7-Micro/WINV4.0SP6 及以上版本编程软件的 PC 机。

（3）自动生产线控制模拟装置。

（4）PC/PPI 电缆。

（5）导线若干。

5.4.2 自动生产线控制输入输出分配表

根据任务分析可知启动按钮，停止按钮和检测开关属于控制信号，作为 PLC 的输入量分配接线端子；接触器线圈属于被控对象，作为 PLC 的输出量分配接线端子。I/O 分配如表 5-2 所示。

表 5-2 I/O 分配表

输入			输出		
输入端子	输入元件	作用	输出端子	输出元件	作用
I0.0	SB1	起动按钮	Q0.0	KM1	第一条传送带接触器

（续表）

输入			输出		
I0.1	SB2	停止按钮	Q0.1	KM2	第二条传送带接触器
I0.2	FR1	过载保护			
I0.3	FR2	过载保护			
I0.4	A、B	检测信号			

5.4.3   自动生产线控制外部接线图

图 5-8 为 PLC 外部接线图。在项目实施过程中，按照此接线图连接硬件。

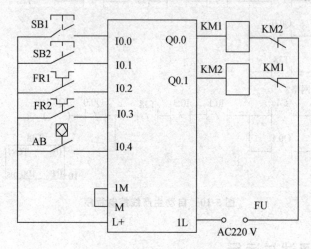

图 5-8   为 PLC 外部接线图

5.4.4   编写符号表

编辑符号表如图 5-9 所示。

			符号	地址	注释
1			启动按钮	I0.0	
2			停止按钮	I0.1	
3			热继电器1	I0.2	
4			热继电器2	I0.3	
5			AB检测开关	I0.4	
6			KM1	Q0.0	
7			KM2	Q0.1	

图 5-9   自动生产线控制符号表

5.4.5 设计梯形图程序

自动生产线控制的 PLC 程序如图 5-10 所示.

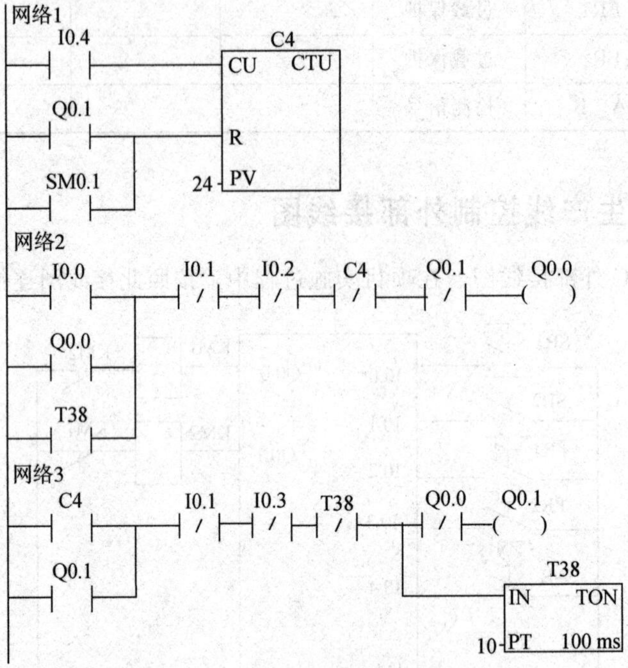

图 5-10 自动生产线控制程序

5.4.6 程序调试与运行

（1）建立 PLC 与上位机的通信联系，将程序下载到 PLC。

（2）运行程序。单击工具栏运行图标 ▶，运行程序。可单击监控图标 进入监控状态，观察程序运行结果。可以使用强制功能，进行脱机调试。

（3）操作控制按钮，观察运行结果。

（4）分析程序运行结果，编写相关技术文件。

5.5 任务评价

本任务的考评点、各考评点在本任务中所占分值、各考评点的评价方式、各考评点的评价标准及其本任务在课程考核成绩中的比例如表 5-10 所示。

表 5-10 任务评价表

序号	考评点	分值	考核方式	评价标准			成绩比例
				优	良	及格	
1	掌握定时器和计数器指令	15	教师评价（50%）＋互评（50%）	掌握定时器指令的分类、要素及应用，了解计数器指令，熟练接线，顺利调试出结果	掌握定时器指令的分类、要素及应用，了解计数器指令，熟练接线，能调试出结果	掌握定时器指令的分类、要素及应用，了解计数器指令，熟练接线及调试	
2	规划制作步骤实施方案	20	教师评价（80%）＋互评（20%）	能详细列出模块、工具、耗材、仪表清单，制定详细的安装步骤	能详细列出模块、工具、耗材、仪表清单，制定基本的安装步骤	能基本列出模块、工具、仪表清单，制定大致的安装步骤	
3	任务实施	30	教师评价（20%）＋自评（30%）＋互评（50%）	格式标准，有完整详细的任务分析、实施、总结过程记录，并能提出一些新的建议	格式标准，有完整的任务分析、实施、总结过程记录，并能提出一些新的建议	格式标准，有完整的任务分析、实施、总结过程记录	15
4	任务总结报告	10	教师评价（100%）	格式标准，有完整详细的任务分析、实施、总结过程记录，并能提出一些新的建议	格式标准，有完整的任务分析、实施、总结过程记录，并能提出一些新的建议	格式标准，有完整的任务分析、实施、总结过程记录	
5	职业素养	25	教师评价（30%）＋自评（20%）＋互评（50%）	积极主动有吃苦精神，遵守纪律；虚心请教和帮助别人，语言表达清晰准确；遵守安全操作规程；爱惜器材，讲究卫生，环保理念强	积极主动有吃苦精神，遵守纪律；虚心请教和帮助别人，语言表达清晰准确；遵守安全操作规程；爱惜器材，讲究卫生	积极主动有吃苦精神，遵守纪律；遵守安全操作规程；爱惜器材	

5.6 知识与能力拓展

5.6.1 知识拓展

1. PLC 控制系统设计的基本原则

（1）最大限度地满足被控对象的控制要求。设计人员在设计前除理解被控对象的各种技术要求外，应深入现场进行实地调查研究，收集资料，访问有关的技术人员和实际操作人员，然后拟订设计方案，并请有关专家论证，最后确定设计方案。

（2）系统结构力求简单。在满足控制要求的条件下，力求使 PLC 控制系统结构简单、经济实用且维护方便。

（3）系统工作要稳定、可靠。控制系统的稳定、可靠是提高生产效率和产品质量的必要保证，是衡量控制系统好坏的因素之一。

（4）控制系统能方便地进行功能扩展、升级。在选择 PLC 容量时，应适当留有裕量以便于发展生产和改进工艺的要求。

（5）人机界面友好。对于包含人机界面的 PLC 应用系统，设计的人机界面应使用户感到方便、更容易操作和使用 PLC 控制系统。

2. PLC 控制系统的设计内容

PLC 控制系统的设计分为硬件选型及 PLC 软件编制两个方面。因此，PLC 控制系统设计的基本内容如下。

（1）选择 I/O 设备。通过输入设备（如按钮、操作开关、限位开关和传感器等）可以输入参数给 PLC 控制系统；输出设备（如继电器、接触器、信号灯等执行机构）是控制系统的执行机构，I/O 设备是 PLC 与控制对象连接的唯一桥梁。

（2）选择合适的 PLC。PLC 是该控制系统的核心部件，合理选择 PLC 对于保证整个控制系统的技术指标和质量是至关重要的。选择 PLC 应包括对机型、容量、I/O 模块和电源等的选择。

（3）分配 I/O 点。绘制 I/O 端子连接图是合理分配 I/O 点的必要保证。

（4）设计控制台、电器柜。

（5）设计控制程序。控制程序是控制整个系统工作的指挥棒，是保证系统工作正常、安全、可靠的关键。因此，控制程序的设计必须经过反复调试、修改，直到满足要求为止。

（6）编制控制系统的技术文件。系统技术文件包括说明书、电气原理图、电气布置图、电器元件明细表及 PLC 梯形图等。

传统的电气图包括电气原理图、电气布置图及电气安装图。在 PLC 控制系统中，这一部分图被称为"硬件图"。它在传统电气图的基础上增加了 PLC 部分，因此在电气原理图中还应包括 PLC 的 I/O 连接图。

梯形图是控制系统的软件部分，又称做"软件图"。向用户提供"软件图"，可便于用户生产发展或工艺改进时修改程序，并有利于用户在维护维修时分析和排除故障。

3. PLC 程序设计的步骤

根据 PLC 系统硬件结构和生产工艺要求,在软件规格说明书的基础上,用相应的编程语言指令,编制实际应用程序并形成程序说明书的过程就是程序设计。PLC 程序设计一般分为以下几个步骤。

(1) 程序设计前的准备工作。程序设计前的准备工作大致可分为 3 个方面。

①了解系统概况,形成整体概念。这一步的工作主要是通过系统设计方案和软件规格说明书了解控制系统的全部功能、控制规模、控制方式、输入输出信号种类和数量、是否有特殊功能接口、与其他设备的关系、通信内容与方式等。没有对整个控制系统的全面了解,就不能对各种控制设备之间的关联有真正的理解,闭门造车和想当然地编程序,编出的程序拿到现场去运行,肯定问题百出,不能使用。

②熟悉被控对象,编出高质量的程序。这步的工作是通过熟悉生产工艺说明书和软件规格说明书来进行的。可把控制对象和控制功能分类,按响应要求、信号用途或者按控制区域划分,确定检测设备和控制设备的物理位置,深入细致地了解每一个检测信号和控制信号的形式、功能、规模、其间的关系和预见以后可能出现的问题,使程序设计有的放矢。

在熟悉被控对象的同时,还要认真借鉴前人在程序设计中的经验和教训,总结各种问题的解决方法,哪些是成功的? 哪些是失败的? 为什么? 总之,在程序设计之前,掌握的东西越多,对问题思考得越深入,程序设计就会越得心应手。

③充分利用手头的硬件和软件工具。例如,硬件工具有编程器、GPC (图形编程器)、FIT (工厂智能终端)。编程软件有西门子 STEP7、LSS、CPT、cx—Programmer 等。利用计算机编程,可以大大提高编程的效率和质量。

(2) 程序框图设计。这步的主要工作是根据软件设计规格书的总体要求和控制系统具体情况,确定应用程序的基本结构,按程序设计标准绘制出程序结构框图,然后再根据工艺要求,绘制出各功能单元的详细功能框图。如果有人已经做过这步工作,最好拿来借鉴一下。有些系统的应用软件已经模块化,那就要对相应程序模块进行定义,规定其功能,确定各模块之间的连接关系,然后再绘制出各模块内部的详细框图。框图是编程的主要依据,要尽可能地详细。如果框图是别人设计的,则一定要设法弄清楚其设计思想和方法。这步完成之后,就会对全部控制程序功能的实现有一个整体概念。

(3) 编写程序。编写程序就是根据设计出的框图逐条地编写控制程序,这是整个程序设计工作的核心部分。如果有编程支持软件,如 STEP7、SSS、CPT,则应尽量使用。梯形图语言是最普遍使用的编程语言,对初学者来讲,应熟悉并掌握了“指令系统及简单编程”后,再来编写用户应用程序。在编写程序的过程中,可以借鉴现成的标准程序,但必须弄懂这些程序段,否则将会给后续工作带来困难和损失。另外,编写程序过程中要及时地对编出的程序进行注释,以免忘记其间的相互关系,要随编随注。注释要包括程序的功能、逻辑关系说明、设计思想、信号的来源和去向,以便阅读和调试。

(4) 程序测试。程序测试是整个程序设计工作中一项很重要的内容,它可以初步检查程序的实际效果。程序测试和程序编写是分不开的,程序的许多功能是在测试中修改和完善的。测试时先从各功能单元入手,设定输入信号,观察输出信号的变化情况，必要时可以借用某些仪器仪表。各功能单元测试完成后，再贯通全部程序，测试各部分的接口情况，直到满意为止。程序测试可以在实验室进行，也可以在现场进行。如果是在现场进行程序测试，那就要将可编程序控制器系统与现场信号隔离，可以使用暂停输入、输出服务指令，也可以切断输入、输出模板的外部电源，以免引起不必要的甚至可能造成事故的机械设备动作。

（5）程序调试。程序调试与程序测试不同，它是在成功地进行了程序测试之后才开始的工作。软件测试的目的是尽可能多地发现软件中的错误。软件调试的任务是进一步诊断和改正软件中潜在的错误。

程序调试又叫程序纠错，测试只是提供出错的迹象，剩下的工作就是纠错，包括错误的定位、定性及改正。经验证明，纠错工作中95%的时间花在错误定位和定性上，而改正错误只是水到渠成的事情，花费不了很多时间。另外，最合理的安排是先测试，最后统一纠错。测出一个错误就改一个往往会顾此失彼，有时还会发现前面刚改过的错误并未改好，需要反过来再改。而集中改错，则可以通盘考虑，改错的质量要高一些。还有，必须要牢记一点，纠错过程中引入新错误的可能性是存在的，因此，纠错之后，必须再一次进行测试，直到所有测试方案全部失败为止。

（6）编写程序说明书。程序说明书是对程序的综合说明，是整个程序设计工作的总结。编写程序说明书的目的是便于程序的使用者和现场调试人员使用。对于编程人员本人，程序说明书也是不可缺少的，它是整个程序文件的一个重要组成部分。在程序说明书中，通常可以对程序的依据，即控制要求、程序的结构、流程图等给予必要的说明，并且给出程序的安装操作使用步骤等。

5.6.2　能力拓展

1. 控制要求

试用 PLC 设计如图 5-11 所示的自动装箱生产线控制程序。控制要求：按下启动按钮 SB1 启动系统，传输线 2 启动运行，当箱子进入指定位置时 SQ2 动作，传输线 2 停止运行；SQ2 动作后延时 1S 传输线 1 运行，物品逐一落入箱内。由 SQ1 检测物品（在物品通过时发出脉冲信号），当落入箱内的物品达到 10 个时，传输线 1 停止，同时启动传输线 2；按下停止按钮，停止传输线 1 和 2。

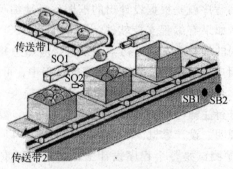

图 5-11　自动装箱生产线控制

2. 操作过程

（1）元件选型：由于本任务较为简单，所需的 I/O 点数较少，考虑使用小型的 PLC。
设备选择如下：S7－200 CPU 224 一台，上位机及通信电缆，数码管一个，启动
按钮和停止按钮各一个，限位开关和检测开关各一个，连接线若干。

（2）列出控制系统 I/O 地址分配表，绘制 I/O 接口线路图。根据线路图连接硬件
系统。

（3）根据控制要求，设计梯形图程序。

（4）编写、调试程序。

（5）运行控制系统。

（6）汇总整理文档，保留工程资料。

5.7 思考与练习

1. I0.0 闭合后 Q0.0 变为 ON 并自保持如图 5-12 所示，T37 定时 7 s 后，用 C0 对
I0.1 输入的脉冲计数，计满 3 个脉冲后，Q0.0 变为 OFF，同时 C0 和 T37 被复位，在
PLC 刚开始执行用户程序时，C0 也被复位，设计出梯形图。

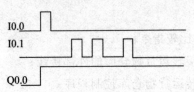

图 5-12 题 1 图

2. C＝C1·C2 高次计数 PLC 控制：使用计数器 C1 和 C2 以 20×20 的累计方式记
录按钮按下的次数，当达到 400 次后指示灯点亮。

3. 某电动机控制要求是：按下启动按钮，电动机正转，30 s 后电动机自动换向反
转，20 s 后电动机自动换向正转，如此反复循环 10 次后电动机自动停止。若按下停止
按钮电动机立即停止。

4. 报警电路程序编写。控制要求如下：I0.0 外接报警启动信号，I0.1 外接报警复
位按钮；输出 Q0.0 为报警蜂鸣器，Q0.1 为报警闪烁灯，闪烁效果为报警灯的亮与灭，
间隔为 1 s。报警灯闪烁 10 次后，蜂鸣器和指示灯自动断开。

5. 三相异步电机循环正反转控制，控制要求：电机正转 3 s，停 2 s；反转 3 s，停
2 s；如此循环 5 个周期，然后自动停止。运行中，可按停止按钮停止。

6. 设计彩灯顺序控制系统。控制要求：A 亮 1 s，灭 1 s；B 亮 1 s，灭 1 s；C 亮 1 s，
灭 1 s；D 亮 1 s，灭 1 s。A、B、C、D 亮 1 s，灭 1 s。循环 5 次。

项目 6
转运货物仓库的 PLC 控制

知识目标

- 了解 PLC 比较指令的使用知识及在程序中的作用；
- 理解转运货物仓库控制的工作过程；
- 理解 S7-200PLC 比较指令的应；
- 掌握数字显示的方法。

能力目标

- 能灵活使用 PLC 的比较指令；
- 能按照要求正确连接转运货物仓库的外部接线；
- 能正确编写并调试转运货物仓库控制程序；
- 能顺利排除货物转运仓库控制的故障。

6.1 任务导入

某个转运货物仓库可存储 1 000 件物品，如图 6-1 所示。其中电动机 M1 驱动的传送带 1 将物品运送至仓库区。电动机 M2 驱动的传送带 2 将物品运出仓库区。传送带 1 两侧安装光电传感器 PS1 检测入库的物品，传送带 2 两侧安装光电传感器 PS2 检测出库的物品。

电动机 M1 启动按钮和停止按钮分别由 SB1 和 SB2 控制；电动机 M2 启动按钮和停止按钮分别由 SB3 和 SB4 控制。

转运仓库的物品库存数可通过 6 个指示灯来显示：仓库库存空指示灯 HL1 亮，库存≥200 指示灯 HL2 亮，库存≥400 指示灯 HL3 亮，库存≥600 指示灯 HL4 亮，库存≥800 指示灯 HL5 亮，仓库库存满指示灯 HL6 亮。

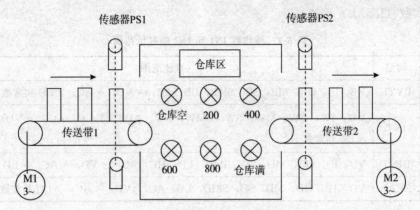

图 6-1　转运货物仓库示意图

6.2　任务分析

　　由本任务导入可知，存储件的统计需要用到计数器，这个知识点我们在前面已经学习了，但存储件的库存与数值的比较是一个新的知识点。本任务只要学习比较指令以及通过比较指令来完成上述任务。

6.3　知识链接

6.3.1　比较指令简介

　　比较指令是将两个操作数按指定的条件进行比较，操作数可以是整数，也可以是实数，在梯形图中用带参数和运算符的触点表示比较指令，比较条件成立时，触点就闭合，否则断开。比较触点可以装入，也可以串、并联。比较指令为上、下限控制提供了极大的方便。

　　比较运算符有等于（＝）、大于等于（＞＝）、小于等于（＜＝）、大于（＞）、小于（＜）、不等于（＜＞）。

　　在梯形图中，比较指令是以常开触点的形式编程的，在常开触点的中间注明比较参数和比较运算符。当比较的结果为真时，该常开触点闭合。

　　在功能块图中，比较指令以功能框的形式编程；当比较结果为真时，输出接通。

　　在语句表中，比较指令与基本逻辑指令 LD，A 和 O 进行组合后编程；当比较结果为真时，PLC 将栈顶置 1。

　　比较指令的类型有：字节（BYTE）比较、整数（INT）比较、双字整数（DINT）

比较和实数（REAL）比较。

表 6-1　操作数 IN1 和 IN2 的寻址范围

操作数	类型	寻址范围
IN1	BYTE	VB, IB, QB, MB, SB, SMB, LB, AC, ＊VD, ＊AC, ＊LD 和常数
IN2	INT	VW, IW, QW, MW, SW, SMW, LW, AIW, T, C, AC, ＊VD, ＊AC, ＊LD 和常数
	DINT	VD, ID, QD, MD, SD, SMD, LD, HC, AC, ＊VD, ＊AC, ＊LD 和常数
	REAL	VD, 1D, QD, MD, SD, SMD, LD, AC, 4VD, ＊AC, ＊LD 和常数

1. 字节比较指令

字节比较指令用于两个无符号的整数字节 IN1 和 IN2 的比较。字节比较指令的指令格式为：

（1）LDB 比较运算符 IN1，IN2，如，LDB＝VB2，VB4。

（2）AB 比较运算符 IN1，IN2，如，AB＞＝MB1，MBl2。

（3）OB 比较运算符 IN1，IN2，如，0B＜＞VB3，VB8。

LDB，AB 或 OB 指令与比较运算符组合的原则，视比较指令的动合触点在梯形图中的具体位置而定。

2. 整数比较指令

整数比较指令用于两个有符号的一个字长的整数 IN1 和 IN2 的比较，整数范围为十六制的 8000～7FFF，在 S7—200 中，用 16♯8000～16♯7FFF 表示。

整数比较指令的指令格式为：

（1）LDW 比较运算符 IN1，IN2 如，LDW＜＝VW4，VW8。

（2）AW 比较运算符 IN1，IN2 如，AW＞MW2，MW4。

（3）OW 比较运算符 IN1，IN2，如，0W＞＝VW6，VW10。

LDW，AW 或 OW 指令与比较运算符组合的原则，视比较指令的动合触点在梯形图中的位置而定。

3. 双字整数比较指令

双字整数比较指令用于两个有符号的双字长整数 IN1 和 IN2 的比较。双字整数的范围为：16♯0000000～16♯7FFFFFFF。

双字整数比较指令的指令格式为：

（1）LDD 比较运算符 IN1，IN2，如，LDD＞＝VD2，VDl0。

（2）AD 比较运算符 IN1，IN2，如，AD＞＝MD0，MD4。

（3）OD 比较运算符 IN1，IN2，如，0D◇VD4，VD8。

LDD、AD 或 OD 指令与比较运算符组合的原则，视比较指令的常开触点在梯形图中的具体位置而定。

4. 实数比较指令

实数比较指令用于两个有符号的双字长实数 IN1 和 IN2 的比较。正实数的范围为 $+1.175495E-38 \sim +3.402823E+38$，负实数的范围为 $-1.175495E-38 \sim -3.402823E+38$。实数比较指令的指令格式为：

(1) LDR 比较运算符 IN1，IN2 如，LDR=VD2，VD20。

(2) AR 比较运算符 IN1，IN2 如，AR>=MD4，MDl2。

(3) OR 比较运算符 IN1，IN2 如，0R<>AC1，1234.56。

LDR、AR 或 OR 指令与比较运算符组合的原则，视比较指令的动合触点在梯形图中的具体位置而定。

6.3.2 比较指令应用举例

(1) 某轧钢厂的成品库可存放钢卷 1 000 个，因为不断有钢卷进库、出库，需要对库存的钢卷行统计。当库存数低于下限 100 时，指示灯 HL1 亮；当库存数大于 900 时，指示灯 HL2 亮；当达到库存上限 1 000 时，报警器 HA 响，停止进库。

分析：需要检测钢卷的进库、出库情况，可用增减计数器进行统计。I0.0 作为进库检测，I0.1 作为出库检测，I0.2 作为复位信号，设定值为 1 000。用 Q0.0 控制指示灯 HL1，Q0.1 控制指示灯 HL2，Q0.2 控制报警器 HA。控制系统的梯形图如图 6-2 所示。

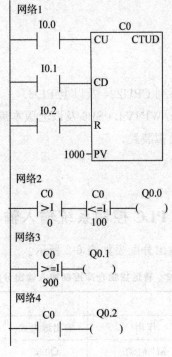

图 6-2 例 (1) 梯形图

（2）用比较指令设计、安装与调试三台电机（M1、M2、M3）。控制要求：按下启动按钮，每隔5S按M1、M2、M3顺序启动运行，按下停止按钮，M3、M2、M1同时停止。

梯形图如图6-3所示。

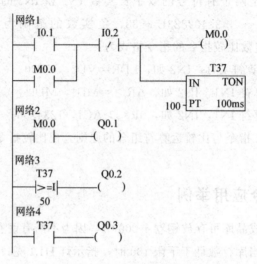

图6-3 例（2）梯形图

6.4 任务实施

6.4.1 设备配置

设备配置如下。

（1）一台S7－200PLC系列CPU224及以上PLC。

（2）装有STEP7－Micro/WINV4.0SP6及以上版本编程软件的PC机。

（3）转运货物仓库控制模拟装置。

（4）PC/PPI电缆。

（5）导线若干。

6.4.2 转运货物仓库PLC控制系统输入输出分配表

转运货物仓库控制输入输出分配表如表6-2所示。

表6-2 转运货物仓库控制输入输出分配表

输入			输出		
输入继电器	输入元件	作用	输出继电器	控制元件	控制对象
I0.0	SB1	M1启动	Q0.0	KM1	M1电机

（续表）

输入			输出		
I0.1	SB2	M1 停止	Q0.1	KM2	M2 电机
	SB3	M2 启动	Q0.2	HL1	仓库空指示灯
	SB4	M2 停止	Q0.3	HL2	≥20%指示灯
	PS1	传送带 1 传感器	Q0.4	HL3	≥40%指示灯
	PS2	传送带 2 传感器	Q0.5	HL4	≥60%指示灯
			Q0.6	HL5	≥80%指示灯
			Q0.7	HL6	仓库满指示灯

6.4.3 转运货物仓库 PLC 控制系统接线图

输入输出端口的接线情况如图 6-4 所示。

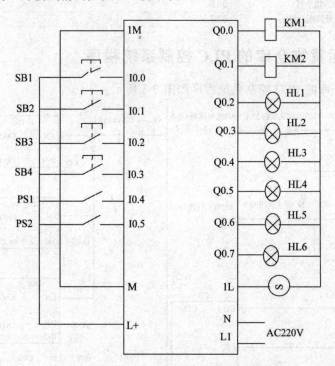

图 6-4 转运货物仓库的 PLC 控制系统接线图

根据转运货物仓库的控制要求，本项目所用的输入器件有：启动按钮 SB1 和 SB3；停止按钮 SB2 和 SB4；传送带 1 传感器 PS1，传送带 1 传感器 PS2。输出器件有：仓料空指示灯 HL1，≥20%指示灯 HL2，≥40%指示灯 HL3，≥60%指示灯 HL4，≥80%指示灯 HL5，仓库满指示灯 HL6，M1 电机接触器 KM1 线圈，M2 电机接触器 KM2 线圈。

6.4.4　转运货物仓库的 PLC 控制系统符号表

转运货物仓库的 PLC 控制系统符号表如表 6-3 所示。

表 6-3　转运货物仓库的 PLC 控制系统符号表

			符号	地址	注释
1		💻	M1启动按钮	I0.0	
2		💻	M1停止按钮	I0.1	
3		💻	M2启动按钮	I0.2	
4		💻	M2停止按钮	I0.3	
5		💻	传感器PS1	I0.4	
6		💻	传感器PS2	I0.5	
7		💻	M1电机线圈	Q0.0	
8		💻	M2电机线圈	Q0.1	
9		💻	仓库空指示灯	Q0.2	
10		💻	≥20%指示灯	Q0.3	
11		💻	≥40%指示灯	Q0.4	
12		💻	≥60%指示灯	Q0.5	
13		💻	≥80%指示灯	Q0.6	
14		💻	仓库满指示灯	Q0.7	

6.4.5　转运货物仓库的 PLC 控制系统程序

转运货物仓库的 PLC 控制系统程序如图 6-5 所示。

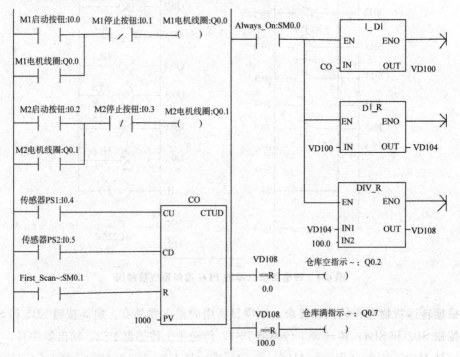

```
VD108      仓库满指示~：Q0.7 ≥80%指示灯：Q0.6 ≥60%指示灯：Q0.5 ≥40%指示灯：Q0.4 ≥20%指示灯：Q0.3
 ┤>=R├──────┤ / ├──────────┤ / ├──────────┤ / ├──────────┤ / ├──────────┤ / ├──────────( )
 20.0

VD108      仓库满指示~：Q0.7 ≥80%指示灯：Q0.6 ≥60%指示灯：Q0.5 ≥40%指示灯：Q0.4
 ┤>=R├──────┤ / ├──────────┤ / ├──────────┤ / ├──────────( )
 40.0

VD108      仓库满指示~：Q0.7 ≥80%指示灯：Q0.6 ≥60%指示灯：Q0.5
 ┤>=R├──────┤ / ├──────────┤ / ├──────────( )
 60.0

VD108      仓库满指示~：Q0.7 ≥80%指示灯：Q0.6
 ┤>=R├──────┤ / ├──────────( )
 80.0
```

图 6-5　转运货物仓库的 PLC 控制系统程序

6.4.6　程序调试与运行

（1）建立 PLC 与上位机的通信联系，将程序下载到 PLC。

（2）运行程序。单击工具栏运行图标▶，运行程序。可单击监控图标进入监控状态，观察程序运行结果。可以使用强制功能，进行脱机调试。

（3）操作控制按钮，观察运行结果。

（4）分析程序运行结果，编写相关技术文件。

6.5　任务评价

转运货物仓库的 PLC 控制系统设计能力与模拟调试能力评价标准见表 6-4。评价的方式可以教师评价，也可以自评或者互评。

6.6　知识与能力拓展

6.6.1　知识拓展

1. PLC 数据转换指令

由于编程中要用到不同长度及各种编码方式的数据，因而设置了转换指令，含数据长度转换，如字节和整数、整数和双整数的转换，及数据编码方式如 BCD 码和二进制、整数与实数等。

不同功能的指令对操作数要求不同。类型转换指令可将固定的一个数据用到不同

类型要求的指令中，包括字节与字整数之间的转换，整数与双整数的转换，双字整数
与实数之间的转换，BCD 码与整数之间的转换等。

（1）字节与字整数之间的转换。字节型数据与字整数之间转换的指令格式如表 6-3
所示。

表 6-3　字节型数据与字整数之间转换指令

LAD	B_I EN ENO ????-IN OUT-????	I_B EN ENO ????-IN OUT-????
STL	BTI IN，OUT	ITB IN，OUT
操作数及 数据类型	IN：VB、IB、QB、MB、SB、SMB、 LB、AC、常量，数据类型为字节 OUT：VW、IW、QW、MW、SW、 SMW、LW、T、C、AC，数据类型为 整数	IN：VW、W、QW、MW、SW、SMW、 LW、T、C、AIW、AC、常量，数据类型 为整数 OUT：VB、IB、QB、MB、SB、SMB、 LB、AC，数据类型为字节
功能及 说明	BTI 指令将字节数值（IN）转换成整 数值，并将结果置入 OUT 指定的存储 单元。因为字节不带符号，所以无符 号扩展	ITB 指令将字整数（IN）转换成字节，并 将结果置入 OUT 指定的存储单元。输入的 字整数 0 至 255 被转换。超出部分导致溢 出，SM1.1＝1。输出不受影响
ENO＝0 的 错误条件	0006 间接地址 SM4.3 运行时间	0006 间接地址 SM1.1 溢出或非法数值 SM4.3 运行时间

（2）字整数与双字整数之间的转换。字整数与双字整数之间的转换格式、功能及
说明，如表 6-4 所示。

表 6-4　字整数与双字整数之间的转换指令

LAD	I_DI EN ENO ????-IN OUT-????	DI_I EN ENO ????-IN OUT-????
STL	ITD IN，OUT	DTI IN，OUT
操作数及 数据类型	IN：VW、IW、QW、MW、SW、 SMW、LW、T、C、AIW、AC、常 量，数据类型为整数 OUT：VD、ID、QD、MD、SD、 SMD、LD、AC，数据类型为双整数	IN：VD、ID、QD、MD、SD、SMD、LD、 HC、AC、常量，数据类型为双整数 OUT：VW、IW、QW、MW、SW、 SMW、LW、T、C、AC，数据类型为整数

(续表)

功能及说明	ITD 指令将整数值（IN）转换成双整数值，并将结果置入 OUT 指定的存储单元。符号被扩展	DTI 指令将双整数值（IN）转换成整数值，并将结果置入 OUT 指定的存储单元。如果转换的数值过大，则无法在输出中表示，产生溢出 SM1.1＝1，输出不受影响
ENO＝0 的错误条件	0006 间接地址 SM4.3 运行时间	0006 间接地址 SM1.1 溢出或非法数值 SM4.3 运行时间

（3）双整数与实数之间的转换。双整数与实数之间的转换的转换格式、功能及说明，如表 6-5 所示。

表 6-5　双字整数与实数之间的转换指令

LAD	DI_R EN　ENO ????-IN　OUT-????	ROUND EN　ENO ????-IN　OUT-????	TRUNC EN　ENO ????-IN　OUT-????
STL	DTR IN, OUT	ROUND IN, OUT	TRUNC IN, OUT
操作数及数据类型	IN：VD、ID、QD、MD、SD、SMD、LD、HC、AC、常量，数据类型为双整数 OUT：VD、ID、QD、MD、SD、SMD、LD、AC，数据类型为实数	IN：VD、ID、QD、MD、SD、SMD、LD、AC、常量 数据类型为实数 OUT：VD、ID、QD、MD、SD、SMD、LD、AC 数据类型为双整数	IN：VD、ID、QD、MD、SD、SMD、LD、AC、常量 数据类型为实数 OUT：VD、ID、QD、MD、SD、SMD、LD、AC 数据类型为双整数
功能及说明	DTR 指令将 32 位带符号整数 IN 转换成 32 位实数，并将结果置入 OUT 指定的存储单元	ROUND 指令按小数部分四舍五入的原则，将实数（IN）转换成双整数值，并将结果置入 OUT 指定的存储单元	TRUNC（截位取整）指令按将小数部分直接舍去的原则，将 32 位实数（IN）转换成 32 位双整数，并将结果置入 OUT 指定存储单元
ENO＝0 的错误条件	0006　间接地址 SM4.3　运行时间	0006 间接地址 SM1.1　溢出或非法数值 SM4.3　运行时间	0006 间接地址 SM1.1　溢出或非法数值 SM4.3　运行时间

值得注意的是：不论是四舍五入取整，还是截位取整，如果转换的实数数值过大，无法在输出中表示，则产生溢出，即影响溢出标志位，使 SM1.1＝1，输出不受影响。

（4）BCD 码与整数的转换。BCD 码与整数之间的转换的指令格式、功能及说明，如表 6-6 所示。

表 6-6   BCD 码与整数之间的转换的指令

LAD	BCD_I EN ENO ????—IN OUT—????	I_BCD EN ENO ????—IN OUT—????
STL	BCDI OUT	IBCD OUT
操作数及 数据类型	IN：VW、IW、QW、MW、SW、SMW、LW、T、C、AIW、AC、常量 OUT：VW、IW、QW、MW、SW、SMW、LW、T、C、AC IN/OUT 数据类型为字节	
功能及 说明	BCD—I 指令将二进制编码的十进制数 IN 转换成整数，并将结果送入 OUT 指定的存储单元。IN 的有效范围是 BCD 码 0 至 9999	I—BCD 指令将输入整数 IN 转换成二进制编码的十进制数，并将结果送入 OUT 指定的存储单元。IN 的有效范围是 0 至 9999
ENO＝0 的 错误条件	0006 间接地址，SM1.6 无效 BCD 数值，SM4.3 运行时间	

注意：①数据长度为字的 BCD 格式的有效范围为：0～9999（十进制），0000～9999（十六进制）0000 0000 0000 0000～1001 1001 1001 1001（BCD 码）。

②指令影响特殊标志位 SM1.6（无效 BCD）。

（5）译码和编码指令。译码和编码指令的格式和功能如表 6-7 所示。

表 6-7   译码和编码指令的格式和功能

LAD	DECO EN ENO ????—IN OUT—????	ENCO EN ENO ????—IN OUT—????
STL	DECO IN，OUT	ENCO IN，OUT
操作数及 数据类型	IN：VB、IB、QB、MB、SMB、LB、SB、AC、常量，数据类型为字节 OUT：VW、IW、QW、MW、SMW、LW、SW、AQW、T、AC，据类型为字节	IN：VW、IW、QW、MW、SMW、LW、SW、AIW、T、C、AC、常量，数据类型为字节 OUT：VB、IB、QB、MB、SMB、LB、SB、AC，数据类型为字节

（续表）

功能及 说明	译码指令根据输入字节（IN）的低 4 位表示的输出字的位号，将输出字的相对应的位，置位为 1，输出字的其他位均置位为 0	编码指令将输入字（IN）最低有效位（其值为 1）的位号写入输出字节（OUT）的低 4 位中
ENO＝0 的 错误条件	0006 间接地址，SM4.3 运行时间	

（6）七段显示译码指令。七段显示器的 abcdefg 段分别对应于字节的第 0 位～第 6 位，字节的某位为 1 时，其对应的段亮；输出字节的某位为 0 时，其对应的段暗。将字节的第 7 位补 0，则构成与七段显示器相对应的 8 位编码，称为七段显示码。数字 0～9、字母 A～F 与七段显示码的对应如图 6-6 所示。

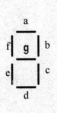

IN	段显示	(OUT) -gfe dcba	IN	段显示	(OUT) -gfe dcba
0	0	0011 1111	8	8	0111 1111
1	1	0000 0110	9	9	0110 0111
2	2	0101 1011	A	A	0111 0111
3	3	0100 1111	B	b	0111 1100
4	4	0110 0110	C	C	0011 1001
5	5	0110 1101	D	d	0101 1110
6	6	0111 1101	E	E	0111 1001
7	7	0000 0111	F	F	0111 0001

图 6-6　与七段显示码对应的代码

七段译码指令 SEG 将输入字节 16＃0～F 转换成七段显示码。指令格式如表 6-8 所示。

表 6-8　七段显示译码指令

LAD	STL	功能及操作数
SEG EN ENO ????- IN OUT -????	SEG IN, OUT	功能：将输入字节（IN）的低四位确定的 16 进制数（16＃0～F），产生相应的七段显示码，送入输出字节 OUT IN：VB、IB、QB、MB、SB、SMB、LB、AC、常量。 OUT：VB、IB、QB、MB、SMB、LB、AC IN/OUT 的数据类型为字节

使 ENO＝0 的错误条件：0006 间接地址，SM4.3 运行时间。

2. 转换指令的应用

（1）译码编码指令应用举例，如图 6-7 所示，若（AC0）＝5，执行译码指令，则将输出字 VW0 的第五位置 1，VW0 中的二进制数为 2♯0000 0000 0010 0000；若（AC1）＝2♯0000 0000 0000 1000，执行编码指令，则输出字节 VB100 中的错误码为 3。

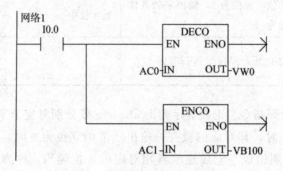

图 6-7　译码编码指令应用举例

（2）编写显示数字 0 的七段显示码的程序。程序实现如图 6-8 所示。

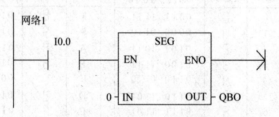

图 6-8　显示数字 0 的程序图

程序运行结果为 QB0 中的值为 16♯3F（2♯0011 1111）。

6.6.2　能力拓展

1. 控制要求

试用 PLC 设计数码显示的模拟控制。控制要求：0→1→2→3→4→5→6→7→8→9…循环下去，时间间隔为 1s。按停止按钮，停止运行。

2. 操作过程

（1）元件选型：由于本任务较为简单，所需的 I/O 点数较少，考虑使用小型的 PLC。

设备选择如下：S7－200 CPU 224 一台，上位机及通信电缆，显示数字的数码管一个，启动按钮和停止按钮各一个，连接线若干。

（2）列出控制系统 I/O 地址分配表，绘制 I/O 接口线路图。根据线路图连接硬件系统。

（3）根据控制要求，设计梯形图程序。

（4）编写、调试程序。

（5）运行控制系统。

（6）汇总整理文档，保留工程资料。

6.7　思考与练习

1. 物品寄存进出记录 PLC 控制物品，超市物品寄存柜最多可以存放 36 件物品，当物品数量大于等于 1 小于 8 时，指示灯 L1 点亮；当物品数量大于等于 8 小于 12 时，指示灯 L2 点亮；当物品数量大于等于 12 小于 16 时，指示灯 L3 点亮；当物品数量大于等于 16 小于 24 时，指示灯 L4 点亮；当物品数量大于等于 24 小于 32 时，指示灯 L5 点亮；当物品数量多于 32 时，指示灯 L6 点亮。

2. 电机顺序启停 PLC 控制。启动控制开关启动后，电机 A 开始工作，3 s 后电机 B 开始工作，再过 3 s 后电机 C 开始工作，直至停止控制开关启动时电机全部停止工作。

3. 流水灯 PLC 控制。利用 PLC 的 QB0 端口连接 8 个彩灯，使彩灯每隔 1s 亮一盏灯并循环，要求按下停止按钮后所有灯均熄灭。按下启动按钮后重新开始循环点亮显示。

4. 自动停车场控制。要求：停车场容量为 50 辆车；每当进入一辆车时，门禁器向 PLC 发送一个信号，停车场的当前车辆数加一；每当出去一辆车时，门禁器向 PLC 发送一个信号，停车场的当前车辆数减一；当停车场车辆小于 45 时，绿灯亮。当大于 45 小于 50 时，绿灯闪烁。当等于 50 时，红灯亮。显示车位已满信号，不允许车再进入。

5. 传送带控制。如图 6-9 所示当计件数量小于 15 时，指示灯常亮；当计件数量等于或大于 15 以上时，指示灯闪烁；当计件数量为 20 时，10 s 后传送带停机，同时指示灯熄灭。

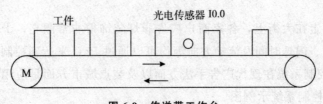

图 6-9　传送带工作台

6. 密码锁 PLC 控制。密码锁配有 SB1～SB4 四个按键，按下 SB1 进行开锁工作；要求先重复按下 SB2 三次，再重复按下 SB3 两次，密码锁解锁成功，否则报警器报警；按下复位键 SB4，可以重新进行开锁工作，同时解除报警。

项目 7
广告牌循环彩灯的 PLC 控制

知识目标

- 了解 PLC 传送与移位指令的使用知识及在程序中的作；
- 理解各种广告牌循环彩灯控制的工作过程；
- 理解 S7－200PLC 传送与移位指令的应用。

能力目标

- 能灵活使用 PLC 的传送与移位指令；
- 能按照要求正确连接各种广告牌循环彩灯控制的外部接线；
- 能正确编写并调试各种广告牌循环彩灯控制程序；
- 能顺利排除各种广告牌循环彩灯控制的故障。

7.1 任务导入

时下夜晚，走在大街上，各家商户广告彩灯装饰得非常漂亮，十分引人瞩目。广告屏灯管的亮灭、闪烁时间及流动方向等均可以通过 PLC 来达到控制要求。广告牌循环彩灯的 PLC 控制系统在现代广告手法方面以及装点城市方面是应用比较广泛的控制方式，图 7-1 是控制系统示例图。

图 7-1 广告牌循环彩灯 PLC 控制系统示例图

现有一咖啡厅，决定在门口安装如图 7-2 所示的闪烁彩灯来招揽往来的客人。要求按下启动按钮 I0.0 时，灯以正、反序每隔 0.5 s 轮流点亮；按下停止按钮 I0.1 时，停止工作。

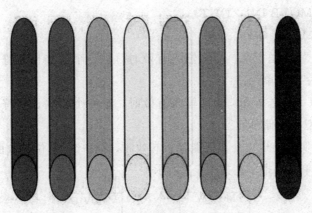

图 7-2 广告牌循环彩灯控制系统示意图

7.2 任务分析

根据广告牌显示要求，可以采用基本指令或顺序控制指令来实现，但程序顺序较长，较复杂，本项目中，采用功能指令的传送与移位指令来实现，程序简单易懂。下面具体分析与该程序相关的传送、移位指令及其他功能指令的相关知识。

7.3 知识链接

7.3.1 数据传送指令

1. 传送指令简介

传送类指令用于在各个编程元件之间进行数据传送。根据每次传送数据的数量，可分为单个传送指令和块传送指令。

（1）单一传送。使能输入有效时，即 EN＝1 时，将一个输入 IN 的字节、字/整数、双字/双整数或实数送到 OUT 指定的存储器输出。在传送过程中不改变数据的大小。传送后，输入存储器 IN 中的内容不变。

①MOVB，字节传送指令。使能输入有效时，把一个单字节无符号数据由 IN 传送到 OUT 所指的字节存储单元。

IN 的寻址范围：VB、IB、QB、MB、SB、SMB、LB、AC、＊VD、＊AC、＊LD

和常数。

OUT 的寻址范围：VB、IB、QB、MB、SB、SMB、LB、AC、∗ VD、∗ AC、∗ LD。

指令格式：MOVB IN1，OUT

例：MOVB VB0，QB0

②MOVW，字传送指令。使能输入有效时，把一个 1 字长有符号整数由 IN 传送到 OUT 所指的字存储单元。

③MOVD 双字传送指令。使能输入有效时，把一个双字长有符号整数由 IN 传送到 OUT 所指的双字存储单元。

④MOVR，实数传送指令。使能输入有效时，把一个 32 位实数由 IN 传送到 OUT 所指的双字存储单元。指令盒如图 7-3 所示：

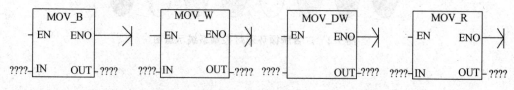

图 7-3　单一传送指令

（2）块传送。数据块传送指令将从输入地址 IN 开始的 N 个数据传送到输出地址 OUT 开始的 N 个单元中，N 的范围为 1 至 255，N 的数据类型为字节型。

三条指令中 N 的寻址范围都是：VB、IB、QB、MB、SB、SMB、LB、AC、∗ VD、∗ AC ∗ LD 和常数。指令盒如图 7-4 所示。

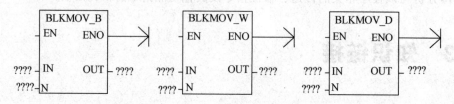

图 7-4　块传送指令

①BMB，字节块传送指令。使能输入有效时，把从输入字节 IN 开始的 N 个字节型数据传送到从 OUT 开始的 N 个字节存储单元中。

IN、OUT 的寻址范围：VB、IB、QB、MB、SB、SMB、LB、∗ VD、∗ AC、∗ LD。

指令格式：BMB IN1，OUT，N。

②BMW，字块传送指令。使能输入有效时，把从输入字 IN 开始的 N 个字型数据传送到从 OUT 开始的 N 个字存储单元中。

IN 的寻址范围：VW、IW、QW、MW、SW、SMW、LW、AIW、T、C ∗ VD、∗ AC、∗ LD。

OUT 的寻址范围：VW、IW、QW、MW、SW、SMW、LW、AQW、T、C *
VD、 * AC、 * LD。

指令格式：BMW IN1，OUT，N。

③BMD，字块传送指令。使能输入有效时，把从输入双字 IN 开始的 N 个双字型
数据传送到从 OUT 开始的 N 个双字存储单元中。

IN 的寻址范围：VD、ID、QD、MD、SD、SMD、LD、 * VD、 * AC、 * LD。

OUT 的寻址范围：VD、ID、QD、MD、SD、SMD、LD、 * VD、 * AC、 * LD。

指令格式：BMD IN1，OUT，N。

2. 传送指令应用

（1）设有 8 盏指示灯，控制要求是：当 I0.0 接通时，全部灯亮；当 I0.1 接通时，
1—4 号灯亮；当 I0.2 接通时，5—8 号灯亮；当 I0.3 接通时，全部灯灭。试设计电路
和用数据传送指令编写程序。程序如图 7-5 所示。

（2）数据块传送指令操作编程，程序如图 7-6 所示。

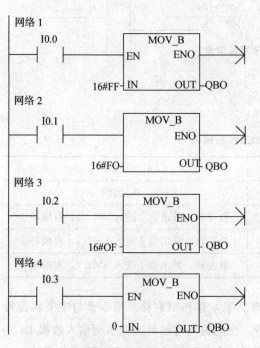

图 7-5　传送指令应用

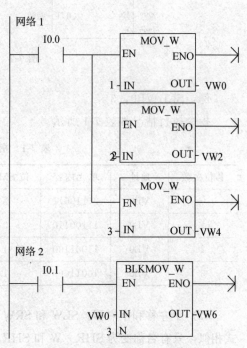

图 7-6　数据块传送指令应用

7.3.2　数据移位指令

1. 向右移位和向左移位指令

移位指令将源数值 IN 向左或向右移位 N 个位，并将结果载入输出 OUT。移位数
据存储单元的移出端与 SM1.1（溢出）相连，所以最后被移出的位被放到 SM1.1 位存

储单元。移位时，移出位进入 SM1.1，另一端自动补 0。例如在右移时，移位数据的最右端位移入 SM1.1，左端每次补 0。SM1.1 始终存放最后一次被移出的位。

移位次数与移位数据的长度有关，如果所需移位次数大于移位数据的位数，则超出的次数无效。如字左移时，若移位次数设定为 20，则指令实际执行结果只能移位 16 次，而不是设定值 20 次。

如果移位操作使数据变为 0，则零存储器位（SM1.0）自动置位。

移位指令影响的特殊存储器位：SM1.0（零）；SM1.1（溢出）。

（1）字节左移和字节右移。SLB 和 SRB 指令。字节左移和字节右移。使能输入有效时，把字节型输入数据 IN 左移或右移 N 位后，再将结果输出到 OUT 所指的字节存储单元。最大实际可移位次数为 8。

字节左移指令 SLB 或字节右移指令 SRB 的指令格式如图 7-7 所示。

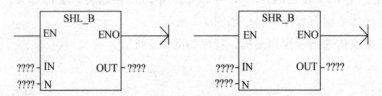

图 7-7　字节移位指令

例：SLB VB0，3

指令执行情况如表 7-1 所示。

表 7-1　指令 SLB 执行结果

移位次数	地址	单元内容	位 SM1.1	说明
0	VB0	01110011	X	移位前
1	VB0	11100110	0	数左移，移出位 0 进入 SM1.1，右端补 0
2	VB0	11001100	1	数左移，移出位 1 进入 SM1.1，右端补 0
3	VB0	10011000	1	数左移，移出位 1 进入 SM1.1，右端补 0

（2）字左移和字右移。SLW 和 SRW 指令。字左移和字右移。指令盒与字节移位形式相似，只有名称变为 SHR _ W 和 SHR _ W。使能输入有效时，把字型输入数据 IN 左移或右移 N 位后，再将结果输出到 OUT 所指的字存储单元。最大实际可移位次数为 16。

字节左移指令 SLW 或字节右移指令 SRW 的指令格式如图 7-8 所示。

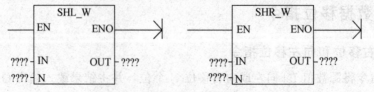

图 7-8　字节移位指令

例：SRW VW0，3

指令执行情况如表 7-2 所示。

表 7-2 指令 SRW 执行结果

移位次数	地址	单元内容	位 SM1.1	说明
0	VW0	0111001110101100	X	移位前
1	VW0	0011100111010110	0	数右移，移出位 0 进入 SM1.1，左端补 0
2	VW0	0001110011101011	0	数右移，移出位 0 进入 SM1.1，左端补 0
3	VW0	0000111001110101	1	数右移，移出位 1 进入 SM1.1，左端补 0

（3）双字左移和双字右移。SLD 和 SRD 指令，双字左移和双字右移。指令盒与字节移位形式相似，只有名称变为 SHL_DW 和 SHR_DW，其他部分完全相同。使能输入有效时，把双字型输入数据 IN 左移或右移 N 位后，再将结果输出到 OUT 所指的双字存储单元。最大实际可移位次数为 32。

双字左移指令 SLD 或双字节右移指令 SRD 的指令格式如图 7-9 所示。

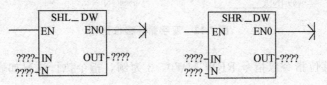

图 7-9 双字移位指令

2. 循环左右移位指令

"循环"指令将输入数值（IN）向右或向左循环移位计数（N）个位，并将结果载入目的位置（OUT）。循环左移和循环右移根据所循环移位的数的长度分别又可分为字节型、字型、双字型。

循环移位特点：移位数据存储单元的移出端与另一端相连，同时又与 SM1.1（溢出）相连，所以最后被移出的位被移到另一端的同时，也被放到 SM1.1 位存储单元。例如在循环右移时，移位数据的最右端位移入最左端，同时又进入 SM1.1。SM1.1 始终存放最后一次被移出的位。

（1）字节循环左移指令 RLB 和字节循环右移指令 RRB。在梯形图中，字节循环移位指令以功能框的形式编程，指令名称分别为：ROL_B 和 ROR_B。字节循环移位指令格式如图 7-10 所示。

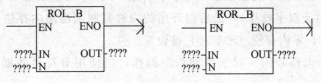

图 7-10 字节循环移位指令

（2）字循环左移指令 RLW 和字循环右移指令 RRW。在梯形图中，字循环移位指令以功能框的形式编程，指令名称分别为：ROL＿W 和 ROR＿W。

指令格式如图 7-11 所示。

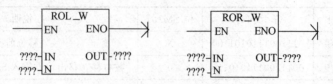

图 7-11　字循环移位指令

（3）双字循环左移指令 RLD 和字循环右移指令 RRD。在梯形图中，字循环移位指令以功能框的形式编程，指令名称分别为：ROL＿D 和 ROR＿D。

指令格式如图 7-12 所示。

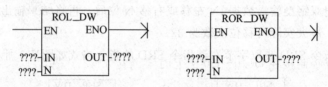

图 7-12　双字循环移位指令

例：循环移位指令以指令 RRW MW0，3 为例，指令执行情况如表 7-3 所示。

表 7-3　指令 RRW 执行结果

移位次数	地址	单元内容	位 SM1.1	说明
0	MW0	0111001110101100	X	移位前
1	MW0	0011100111010110	0	数右移，移出位 0 进入 SM1.1，回到左端
2	MW0	0001110011101011	0	数右移，移出位 0 进入 SM1.1，回到左端
3	MW0	1000111001110101	1	数右移，移出位 1 进入 SM1.1，回到左端

如果移位计数大于或等于运算的最大值（字节操作为 8，字操作为 16，双字操作为 32），在执行循环前，S7－200 在移位计数上完成模操作以获得有效的移位计数。此结果对字节操作是 0 到 7 的移位计数，对字操作是 0 到 15，对于双字操作是 0 到 31。

如果移位计数是 0，循环操作不进行。如果循环操作完成。

如果移位计数不是 8 的整数倍（对于字节操作）、16 的整数倍（对于字操作）或者 32 的整数倍（对于双字操作），最后循环出的位被复制到溢出内存位（SM1.1）。当循环的数值为零时，零内存位（SM1.0）被设置。

字节操作是无符号的。对于字和双字操作，当使用有符号数据类型时，符号位被移位。

3. 移位指令应用

（1）将 AC0 中的字循环右移 3 位，将 VW100 中的字右移 3 位。程序及运行结果如图 7-13 所示。

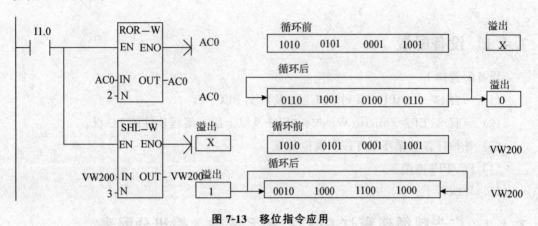

图 7-13 移位指令应用

（2）用 I0.0 控制接在 Q0.0～Q0.7 上的 8 个彩灯循环移位，从左到右以 1 s 的速度依次点亮，保持任意时刻只有一个指示灯亮，到达最右端后，再从左到右依次点亮。

分析：8 个彩灯循环移位控制，可以用字节的循环移位指令。根据控制要求，首先应置彩灯的初始状态为 QB0＝1，即左边第一盏灯亮；接着灯从左到右以 1 s 的速度依次点亮，即要求字节 QB0 中的"1"用循环左移位指令每 1 s 移动一位，因此须在 ROL－B 指令的 EN 端接一个 1 s 的移位脉冲（可用定时器指令实现）。梯形图程序如图 7-14 所示。

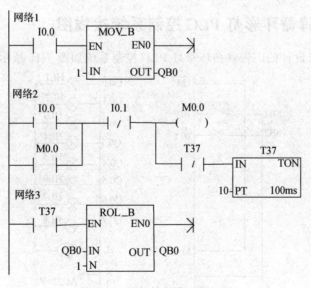

图 7-14 彩灯控制梯形图程序

7.4 任务实施

7.4.1 设备配置

设备配置如下。

（1）一台 S7－200PLC 系列 CPU224 及以上 PLC。

（2）装有 STEP7－Micro/WINV4.0SP6 及以上版本编程软件的 PC 机。

（3）各种广告牌循环彩灯控制模拟装置。

（4）PC/PPI 电缆。

（5）导线若干。

7.4.2 广告牌循环彩灯 PLC 控制系统输入输出分配表

广告牌循环彩灯 PLC 控制系统输入输出分配表如表 7-4 所示。

表 7-4 广告牌循环彩灯 PLC 控制系统输入输出分配表

输　入			输　出		
输入继电器	输入元件	作　用	输出继电器	控制元件	控制对象
I0.0	SB1	启动	Q0.0～Q0.7	HL1～HL8	8 个彩灯
I0.1	SB2	停止			

7.4.3 广告牌循环彩灯 PLC 控制系统接线图

根据控制要求设计的广告牌循环彩灯 PLC 控制系统如图 7-15 所示。

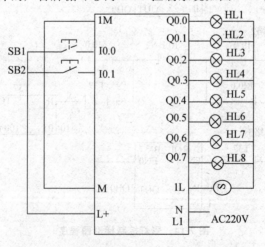

图 7-15 广告牌循环彩灯 PLC 控制系统接线图

7.4.4 广告牌循环彩灯 PLC 控制系统符号表

广告牌循环彩灯 PLC 控制系统符号表如表 7-5 所示。

表 7-5 广告牌循环彩灯 PLC 控制系统符号表

			符号	地址	注释
1			启动按钮	I0.0	
2			停止按钮	I0.1	
3			HL0	Q0.0	
4			HL1	Q0.1	
5			HL2	Q0.2	
6			HL3	Q0.3	
7			HL4	Q0.4	
8			HL5	Q0.5	
9			HL6	Q0.6	
10			HL7	Q0.7	

7.4.5 广告牌循环彩灯 PLC 控制程序

广告牌循环彩灯 PLC 控制程序如图 7-16 所示。

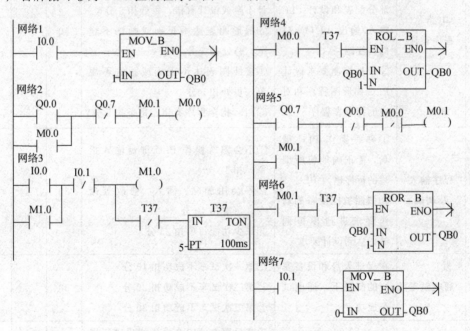

图 7-16 广告牌循环彩灯 PLC 控制程序

7.4.6 程序调试与运行

（1）建立 PLC 与上位机的通信联系，将程序下载到 PLC。

（2）运行程序。单击工具栏运行图标 ▶ ，运行程序。可单击监控图标 📷 进入监控状态，观察程序运行结果。可以使用强制功能，进行脱机调试。

（3）操作控制按钮，观察运行结果。

（4）分析程序运行结果，编写相关技术文件。

7.5　任务评价

广告牌循环彩灯 PLC 控制程序设计能力与模拟调试能力评价标准见表 7-6。评价的方式可以教师评价、也可以自评或者互评。

表 7-6　广告牌循环彩灯 PLC 控制任务评价表

序号	主要内容	考核要求	评分标准	配分	扣分	得分
1	电路及程序设计	①根据控制要求，列出 PLC 输入/输出（I/O）口元器件的地址分配表和设计 PLC 输入/输出（I/O）口的接线图 ②根据控制要求设计 PLC 梯形图程序和对应的指令表程序	①PLC 输入/输出（I/O）地址遗漏或搞错，每处扣 5 分 ②PLC 输入/输出（I/O）接线图设计不全或设计有错，每处扣 5 分 ③梯形图表达不正确或画法不规范，每处扣 5 分 ④接线图表达不正确或画法不规范，每处扣 5 分 ⑤PLC 指令程序有错，每条扣 5 分	40		
2	程序输入及调试	①熟练操作 PLC 键盘，能正确地将所编写的程序输入 PLC ②按照被控设备的动作要求进行模拟调试，达到设计要求	①不会熟练操作 PLC 键盘输入指令，扣 10 分 ②不会用删除、插入、修改等命令，每次扣 10 分 ③缺少功能每项扣 25 分	30		
3	通电试车	在保证人身和设备安全的前提下，通电试车成功	①第一次试车不成功扣 10 分 ②第二次试车不成功扣 20 分 ③第三次试车不成功扣 30 分	30		
4	安全文明生产	①严格按照用电的安全操作规程进行操作 ②严格遵守设备的安全操作规程进行操作 ③遵守 6S 管理守则	①违反用电的安全操作规程进行操作，酌情扣 5～40 分 ②违反设备的安全操作规程进行操作，酌情扣 5～40 分 ③违反 6S 管理守则，酌情扣 1～5 分	倒扣		

(续表)

序号	主要内容	考核要求	评分标准	配分	扣分	得分
备注	除了定额时间外，各项内容的最高分不应超过配分数；每超时 5 min 扣 5 分		合计	100		

定额时间	120 min	开始时间		结束时间		考评员签字			年 月 日

7.6 知识与能力拓展

7.6.1 知识拓展

1. 移位寄存器指令（SHRB）简介

移位寄存器指令是可以指定移位寄存器的长度和移位方向的移位指令。其指令格式如图 7-17 所示。

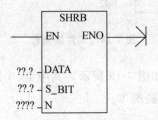

图 7-17 移位寄存器指令格式

说明：

（1）移位寄存器指令 SHRB 将 DATA 数值移入移位寄存器。梯形图中，EN 为使能输入端，连接移位脉冲信号，每次使能有效时，整个移位寄存器移动 1 位。DATA 为数据输入端，连接移入移位寄存器的二进制数值，执行指令时将该位的值移入寄存器。S_BIT 指定移位寄存器的最低位。N 指定移位寄存器的长度和移位方向，移位寄存器的最大长度为 64 位，N 为正值表示左移位，输入数据（DATA）移入移位寄存器的最低位（S_BIT），并移出移位寄存器的最高位。移出的数据被放置在溢出内存位（SM1.1）中。N 为负值表示右移位，输入数据移入移位寄存器的最高位中，并移出最低位（S_BIT）。移出的数据被放置在溢出内存位（SM1.1）中。

（2）DATA 和 S−BIT 的操作数为 I，Q，M，SM，T，C，V，S，L。数据类型为为 BOOL 变量。N 的操作数为 VB，IB，QB，MB，SB，SMB，LB，AC，常量。数据类型为为字节。

（3）最高位的计算方法为 MSB＝（｜N｜－1＋（S BIT 的位号））/8；其中 MSB 的商＋S_BIT 的字节号为最高位的字节号，MSB 的余数为最高位的位号。

（4）使 ENO＝0 的错误条件：0006（间接地址），0091（操作数超出范围），0092（计数区错误）。

（5）移位指令影响特殊内部标志位：SM1.1（为移出的位值设置溢出位）。

2. 移位寄存器指令（SHRB）的应用

如图 7-18 所示为工件检测台，在 1 号位置通过传感器 SB1 可以检测工件有无缺陷，若有缺陷（SB1 闭合）则在 4 号位置将电磁阀 Y 通电 1 s，控制喷枪向工件喷射次品标志。检测台通过传感器 SB2 在每个工件到达检测点时发送一个脉冲信号。试编程实现检测及打标控制。

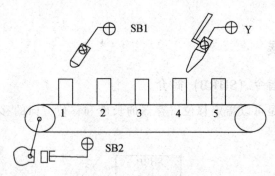

图 7-18　工件检测台

根据控制要求编写的程序如图 7-19 所示，其中 I0.0 为工件检测信号 SB1，I0.1 为工件到位信号 SB2，Q0.0 为电磁阀 Y。

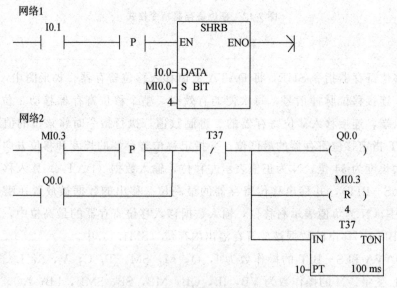

图 7-19　移位寄存器指令的应用程序

7.6.2　能力拓展

1. 控制要求

设某霓虹灯广告牌共有 8 根灯管，如图 7-20 所示。第 1 根灯亮→第 2 根灯亮→第 3 根灯亮……第 8 根灯亮，即每隔 1 s 依次点亮，全亮后，闪烁 1 次（灭 1 s 亮 1 s），再反过来按第 8 根灯灭→第 7 根灯灭→第 6 根灯灭……第 1 根灯灭，时间间隔仍为 1 s。全灭后，停 1 s，再从第 1 根灯管点亮，开始循环。

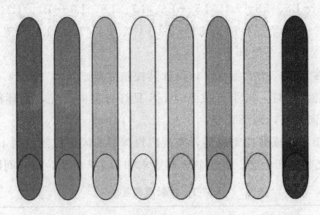

图 7-20　霓虹灯广告牌

2. 操作过程

（1）元件选型：由于本任务较为简单，所需的 I/O 点数较少，考虑使用小型的 PLC。

设备选择如下：S7－200 CPU 224 一台，上位机及通信电缆，霓虹灯八个，启动按钮和停止按钮各一个，连接线若干。

（2）列出控制系统 I/O 地址分配表，绘制 I/O 接口线路图。根据线路图连接硬件系统。

（3）根据控制要求，设计梯形图程序。

（4）编写、调试程序。

（5）运行控制系统。

（6）汇总整理文档，保留工程资料。

7.7　思考与练习

1. 已知 VB10＝18，VB20＝30，VB21＝33，VB32＝98。将 VB10，VB30，VB31，VB32 中的数据分别送到 AC1，VB200，VB201，VB202 中。写出梯形图程序。

2. 用传送指令控制输出的变化，要求控制 Q0.0～Q0.7 对应的 8 个指示灯，在 I0.0 接通时，使输出隔位接通，在 I0.1 接通时，输出取反后隔位接通。上机调试程序，记录结果。如果改变传送的数值，输出的状态如何变化，从而学会设置输出的初始状态。

3. 编程实现下列控制功能，假设有 8 个指示灯，从右到左以 1 s 的速度依次点亮，任意时刻只有一个指示灯亮，到达最左端，再从右到左依次点亮。

4. 舞台灯光的模拟控制。控制要求：L1、L2、L9→L1、L5、L8→L1、L4、L7→L1、L3、L6→L1→L2、L3、L4、L5→L6、L7、L8、L9→L1、L2、L6→L1、L3、L7→L1、L4、L8→L1、L5、L9→L1→L2、L3、L4、L5→L6、L7、L8、L9→L1、L2、L9→L1、L5、L8……循环下去。

5. 观察某一建筑或广场的流水灯，设计其控制方案。

6. 设计多功能流水灯，按下开关 I0.0，8 只灯自上向下亮，循环往复，按下开关 I0.1，8 只灯自下向上亮，循环往复。

7. 试用移位指令构成移位寄存器，实现广告牌字的闪耀控制。用 HL1～HL4 四灯分别照亮"欢迎光临"四个字。其控制流程要求如表 7-7 所示，每步间隔 1 s。

表 7-7 控制流程要求

步序	1	2	3	4	5	6	7	8
HL1	×					×		×
HL2		×				×		×
HL3			×			×		×
HL4				×		×		×

项目 8
自动售货机的 PLC 控制

知识目标

- 了解 PLC 运算指令的使用知识及在程序中的作用;
- 理解自动售货机控制的工作过程;
- 理解 S7—200PLC 运算指令的应。

能力目标

- 能灵活使用 PLC 的运算指令;
- 能按照要求正确连接自动售货机控制的外部接线;
- 能正确编写并调试自动售货机控制程序;
- 能顺利排除自动售货机控制的故障。

8.1　任务导入

　　自动售货机是可以完成无人自动售货,集光、机、电一体化的商业自动化设备.自动售货机不受任何场地限制,方便快捷,可以每天 24 小时售货,因此深受上班族的欢迎,很多城市的公共场所里面都放置有自动售货机,出售的商品五花八门,从饮料、零食、香烟、糖果,到牙刷、方便面、自动照相机。售货机的基本功能就是对投入的货币进行运算,并根据货币数值判断是否能够购买某种商品,并作出相应的反应。

　　如图 8-1 为自动售货机示意图,此种售货机可投入 1 元、5 元或 10 元;当投入的币值总值大于等于 12 元时,可取汽水的指示灯亮;当投入的币值总值大于等于 15 元时,可取汽水和咖啡的指示灯都亮;当可取汽水的指示灯亮时,按取汽水按钮,则汽水排出 5 s 后自动停止,在这段时间内,汽水指示灯闪亮;当可取咖啡的指示灯亮时,按取咖啡按钮,则咖啡排出 5 s 后自动停止,在这段时间内,咖啡指示灯闪亮。最后一次取完汽水或咖啡 8 s 后，若不再取任何东西，且此时有余钱则找钱指示灯亮，表示找钱动作，并退出多余的钱。投入的币值总值较多时可以多次取，其他情况的设置要符合常理。

图 8-1 自动售货机示意图

8.2 任务分析

由于该自动售饮料机系统主要用于课堂教学，故其功能要求没有真实的自动售货机强大，例如没有过多的商品可选择和各种报警系统等。此自动售饮料机的控制系统主要包括计币系统、比较系统、选择系统、饮料供应系统和退币系统。

计币系统：当有顾客购买饮料时，投入的硬币经过感应器（光电开关），感应器记录 1 元、5 元、10 元硬币的个数，然后通过将每种硬币的个数与对应币值相乘，再相加，将最终叠加的钱币数据存放到某个数据寄存器中。

比较系统：投币完成后，系统会将数据寄存器内的钱币数据和可以购买的饮料价格进行区间比较。若投入的钱币总值超过 12 元，则汽水指示灯亮；若投入的钱币总值超过 15 元，则汽水指示灯和咖啡指示灯都亮。此时可以选择饮料。

选择系统：当按下汽水按钮或咖啡按钮时，相应的指示灯由长亮变成间隔为 0.5 s 的闪烁。当相应的饮料输出达到 5 s 时，闪烁同时停止。

饮料供应系统：当按下汽水按钮时，控制汽水饮料的电磁阀打开，输出汽水；当按下咖啡按钮时，控制咖啡饮料的电磁阀打开，输出咖啡。5 s 后，电磁阀关闭，停止饮料输出。

退币系统：在顾客购完饮料 8 s 以后退回余币。按下退币按钮，找钱执行机构动作，将投币时多余的钱币退出。找钱结束后，找钱执行机构断开。

8.3 知识链接

运算功能的加入是现代 PLC 与以往 PLC 的最大区别之一，目前各种型号的 PLC 普遍具备较强的运算功能。和其他 PLC 不同，S7－200 对算术运算指令来说，在使用时要注意存储单元的分配。在用 LAD 编程时，IN1、IN2 和 OUT 可以使用不一样的存储单元，这样编写出的程序比较清晰易懂。但在用 STL 方式编程时，OUT 要和其中的一个操作数使用同一个存储单元，这样用起来比较麻烦，编写程序和使用计算结果时都很不方便。LAD 格式程序转化为 STL 合适程序或 STL 合适程序转化为 LAD 格式程序时，会有不同的转换结果。所以建议大家在使用算术指令和数学指令时，最好用 LAD 形式编程。

注意：下面的运算指令 LAD 格式中的 IN1 和 STL 格式中的 IN1 不一定直的是同一个存储单元。

8.3.1 算术运算指令简介

1. 加法指令

（1）整数加法指令。整数加法指令＋I 在梯形图（LAD）及功能块图（FBD）中，以功能框的形式编程，指令名称为 ADD _ I，如图 8-2 所示。在整数加法功能框中，EN（Enable）为允许输入端，ENO（Enable Output）为允许输出端，IN1 和 IN2 为 2 个需要进行相加的有符号数，OUT 用于存放和。当允许输入端 EN 有效时，执行加法操作，将两个单字长（16 位）的符号整数 IN1 和 IN2 相加，产生 1 个 16 位的整数和 OUT，即 IN1＋IN2＝OUT。

整数加法将影响特殊继电器 SM1.0（零），SM1.1（溢出）。

影响允许输出 EN0 正常工作的出错条件是 SM1.0（溢出）、SM4.3（运行时间）和 0006（间接寻址）。

指令执行的结果是：IN1＋OUT＝OUT

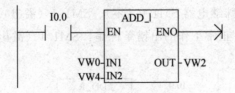

图 8-2 整数加法指令

整数加法的运算过程如表 8-1 所示。

表 8-1 整数加法的运算过程

操作数	地址单元	单元长度（n 字节）	运算前值	运算结果值
IN1	VW0	2	2 000	2 000
IN2	VW2	2	4 003	6 003
OUT	VW2	2	4 003	6 003

（2）双整数加法指令。双整数加法指令在梯形图（LAD）及功能块图（FBD）中，以功能框的形式编程，指令名称为 ADD－DI，如图 8-3 所示。在双整数加法功能框中，EN（Enable）为允许输入端，ENO（Enable Output）为输出端，IN1 和 IN2 为 2 个需要进行相加的有符号数，OUT 用于存放和。

当允许输入端 EN 有效时，执行加法操作，将 2 个双字长（32 位）的符号整数 IN1 和 IN2 相加，产生 1 个 32 位的整数和 OUT，即 INI＋IN2＝OUT。双整数加法将影响特殊继电器 SM1.0（零），SM1.1（溢出），SM1.2（负）。

影响允许输出 ENO 正常工作的出错条件是 SM1.1（溢出），SM4.3（运行时间），0006（间接寻址）。

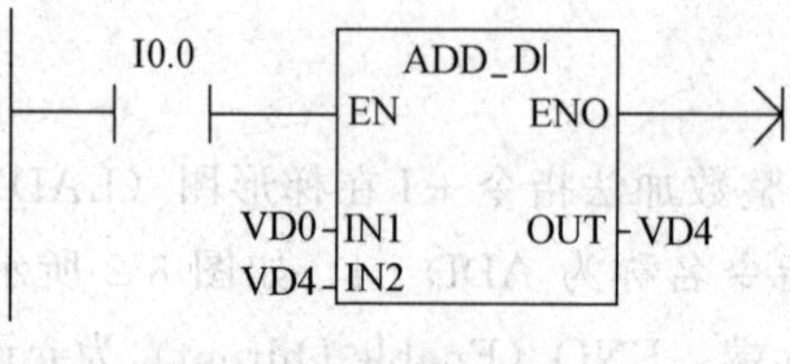

图 8-3 双整数加法指令

（3）实数加法指令。实数加法指令在梯形图（LAD）及功能块图（FBD）中，以功能框的形式编程。指令名称为 ADD＿R，如图 8-4 所示。EN（Enable）为允许输入端，ENO（Enable Output）为允许输出端，IN1 和 IN2 为两个需要进行相加的有符号数，OUT 用于存放和。

当允许输入端 EN 有效时，执行加法操作，将 2 个双字长（32 位）的实数 IN1 和 IN2 相加，产生 1 个 32 位的实数和 OUT，即 IN1＋IN2＝OUT。

实数加法将影响特殊继电器 SM1.0（零）、SM1.1（溢出）、SM1.2（负）。

影响允许输出 EN0 正常工作的出错条件是：SM1.1（溢出）、SM4.3（运行时间）和 0006（间接寻址）。

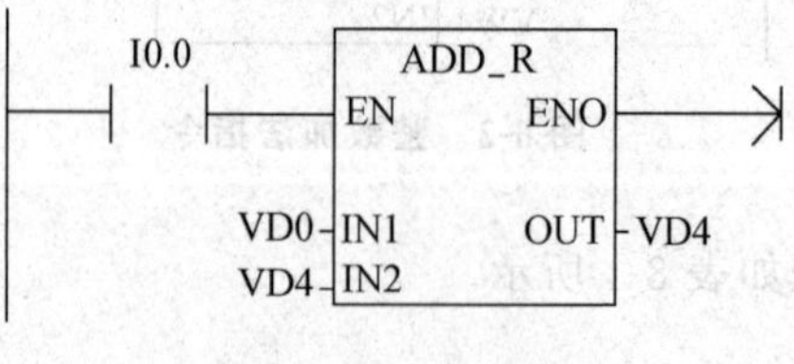

图 8-4 实数加法指令

实数加法的运算过程如表 8-2 所示

表 8-2 实数加法的运算过程

操作数	地址单元	单元长度（n 字节）	运算前值	运算结果值
IN1	VD0	4	2 000.0	2 000.0
IN2	VD4	4	4 003.5	6 003.5
OUT	VD4	4	4 003.5	6 003.5

2. 减法指令

减法指令是对两个有符号数进行相减操作。与加法指令一样，也可分为整数减法指令（－I）、双整数减法指令（－D）及实数减法指令（－R）。在 LAD 及 FBD 中，减法指令以功能框的形式进行编程，指令名称分别为：

- 整数减法指令：SUB I
- 双整数减法指令：SUB DI
- 实数减法指令：SUB R

指令执行结果，IN1－IN2＝OUT。3 种减法指令的梯形图如图 8-5 所示。

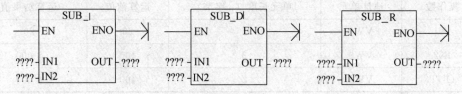

图 8-5 减法指令

在 STL 中，执行结果：OUT－IN2＝OUT，这里 IN1 与 OUT 是同一个存储单元。

双整数减法的运算过程如表 8-3 所示。

表 8-3 双整数减法的运算过程

操作数	地址单元	单元长度（n 字节）	运算前值	运算结果值
IN1	VD0	4	16 000	13 000
IN2	VD4	4	3 000	3 000
OUT	VD4	4	16 000	13 000

3. 乘法指令

乘法指令是对两个有符号数进行相乘运算，包括：整数乘法、完全整数乘法、双整数乘法、实数乘法。

（1）整数乘法指令。整数乘法指令的功能是 IN1×IN2＝OUT。当允许输入有效时，将 2 个单字长（16 位）的有符号整数 IN1 和 IN2 相乘，产生 1 个 16 位的整数结果 OUT。如果运算结果大于 32 767（16 位二进制数表示的范围），则产生溢出。

整数乘法指令在 LAD 和 FBD 中用功能框形式编程，指令名称为：MUL _ I。如图 8-6 所示。

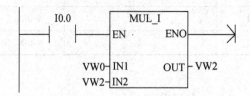

图 8-6 整数乘法指令

整数乘法将影响特殊继电器 SM1.0（零）、SM1.1（溢出）和 SM1.2（负）。

影响允许输出 EN0 正常工作的出错条件是：SM1.1（溢出）、SM4.3（运行时间）和 0006（间接寻址）。

整数乘法的运算过程如表 8-4 所示。

表 8-4 整数乘法的运算过程

操作数	地址单元	单元长度（n 字节）	运算前值	运算结果值
IN1	VW0	2	20	20
IN2	VW2	2	400	8 000
OUT	VW2	2	400	8 000

（2）完全整数乘法指令 MUL（Multiply）。完全整数乘法指令的功能是将 2 个单字长（16 位）的有字符号整数 IN1 和 IN2 相乘，产生一个 32 位的整数结果 OUT。

完全整数乘法指令在 LAD 和 FBD 中用功能框的形式编程，指令名称为：MUL。如图 8-7 所示当允许输入 EN 有效时，执行乘法运算：IN1×OUT＝OUT。

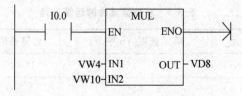

图 8-7 完全整数乘法指令

完全整数乘法指令在 STL 中的指令格式为：MUL IN1，OUT。

执行结果：IN1×OUT＝OUT。

完全整数乘法将影响特殊继电器 SM1.0（零），SM1.1（溢出），SM1.2（负）。

影响允许输出 EN0 正常工作的出错条件是：SM1.1（溢出），SM4.3（运行时间），0006（间接寻址）

在梯形图中，IN2 与 OUT 的低 16 位是同一个存储单元

完全整数乘法指令的运算过程如表 8-5 所示。

表 8-5　完全整数乘法指令的运算过程

操作数	地址单元	单元长度（n 字节）	运算前值	运算结果值
IN1	VW4	2	20	20
IN2	VW10	2	400	8 000
OUT	VD8	4	400	8 000

（3）双整数乘法指令。双整数乘法指令的功能是将两个双字长（32 位）的有符号整数 IN1 和 IN2 相乘，产生 1 个 32 位的双整数结果 OUT。如果运算结果大于 32 位二进制数表示的范围，则产生溢出。

双整数乘法指令在 LAD 和 FBD 中用功能框形式编程，指令的名称为 MUL ＿ DI，如图 8-8 所示。当允许输入有效时，执行乘法 IN1×IN2＝OUT。

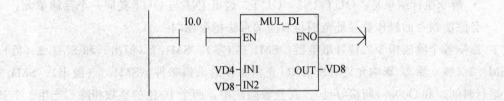

图 8-8　双整数乘法指令

执行结果：IN1×OUT＝OUT。这里 IN2 与 OUT 为同一个存储单元。

完全整数乘法将影响特殊继电器 SM1.0（零），SM1.1（溢出）和 SM1.2（负）。

影响允许输出 EN0 正常工作的出错条件是 SM1.1（溢出）、SM4.3（运行时间）和 0006（间接寻址）。

（4）实数乘法指令。实数乘法指令的功能是将 2 个双字长（32 位）的实数 IN11 和 IN2 相乘，产生 1 个 32 位的实数结果 OUT。如果运算结果大于 32 位二进制数表示的范围，则产生溢出。

实数乘法指令在 LAD 和 FBD 中用功能框形式编程，指令名称为 MUL ＿ R，如图 8-9 所示。当允许输入有效时，执行乘法运算 IN1×IN2＝OUT。

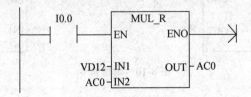

图 8-9　实数乘法指令

执行结果：IN1×OUT＝OUT。这里 IN2 与 OUT 为同一个存储单元。

完全整数乘法将影响特殊继电器 SM1.0（零），SM1.1（溢出），SM1.2（负）。

影响允许输出 EN0 正常工作的出错条件是：SM1.1（溢出），SM4.3（运行时间），0006（间接寻址）。

4. 除法指令

除法指令是对 2 个有符号数进行相除运算，与乘法指令一样，也可分为整数除法指令（/I），完全整数除法（DIV），双整数除法指令（/D）及实数除法指令（/R）。

在 LAD 及 FBD 中，除法指令以功能框的形式进行编程，指令名称分别为：

- 整数除法指令：DIV_I
- 完全整数除法指令：DIV
- 双整数除法指令：DIV_DI
- 实数除法指令：DIV_R
- 指令执行结果，IN1/IN2＝OUT。
- 指令执行结果是：OUT/IN2＝OUT。这里 IN1 与 OUT 是同一个存储单元。

各除法指令的操作数寻址范围与对应的乘法指令相同。

影响各个除法指令的特殊继电器：SM1.0（零）、SM1.1（溢出）和 SM1.2（负），SM1.3（被 0 除）。影响允许输出 ENO 正常工作的出错条件：SM1.1（溢出）、SM4.3（运行时间）和 O006（间接寻址）。在整数除法中，两个 16 位的整数相除，产生 1 个 16 位的整数商，不保留余数。

在完全整数除法中，2 个 16 位的整数相除，产生 1 个 32 位结果，其中，低 16 位存商，高 16 位存余数。低 16 位在做除法运算前，被用来存放被除数，即 IN1 与 OUT 的低 16 位是同一个存储单元。

4 种除法指令的梯形图如图 8-10 所示。

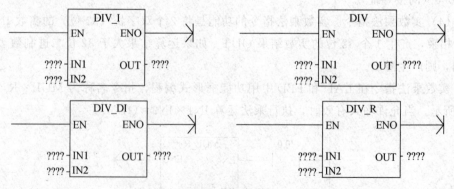

图 8-10 除法指令

其中整数除法指令运算过程如表 8-6 所示。

表 8-6　整数除法指令的运算过程

操作数	地址单元	单元长度（n 字节）	运算前值	运算结果值
IN1	VW2	2	803	40
IN2	VW6	2	20	20
OUT	VW2	2	803	40

完全整数除法指令的运算过程如表 8-7 所示。

表 8-7　完全整数除法指令的运算过程

操作数	地址单元	单元长度（n 字节）	运算前值	运算结果值	
IN1	VW2	2	803	40	
IN2	VW10	2	20	20	
OUT	VD0	4	803	VW0	3
				VW2	40

8.3.2　数学函数运算指令

S7－200 的 CPU22X 系列中，除了加减乘除运算外，还有求平方根运算；在 CPU224 1.0 版本以上，还可以做指数运算、对数运算、求三角函数的正弦、余弦及正切值。这些都是双字长的实数运算。

1. 平方根函数 SQRT

SQRT 指令的功能是将一个双字长（32 位）的实数 IN 开平方，得到 32 位的结果 OUT，在 LAD 及 FBD 中，平方根函数以功能框的形式编程，指令名称为 SQRT，指令格式如图 8-11 所示。EN 为允许输入端，EN0 为允许输出端。

当允许输入有效时，执行求平方根运算，执行结果是：SQRT（IN）＝OUT。

影响 SQRT 指令的特殊继电器：SM1.0（零），SM1.1（溢出），SM1.2（负）。

影响允许输出 EN0 正常工作的出错条件为：SM1.1（溢出），SM4.3（运行时间），0006（间接寻址）。

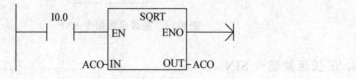

图 8-11　平方根函数指令

2. 自然对数函数指令 LN

LN 指令的功能是将一个双字长的 32 位实数 IN 取自然对数，得到 32 位的实数结果 OUT。

LAD 及 FBD 中，对数函数以功能框的形式编程，指令名称为 LN，指令格式如图 8-12 所示。EN 为允许输入端，ENO 为允许输出端，当允许输入有效时，执行求对数运算，执行结果是：LN（IN）＝OUT。

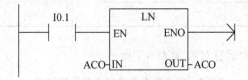

图 8-12　自然对数函数指令

影响 LN 指令的特殊继电器：SM1.0（零）、SM1.1（溢出）、SM1.2（负）和 SM4.3（运行时间）。

影响允许输出 EN0 正常工作的出错条件为 SM1.1（溢出）和 0006（间接寻址）。

当求解以 l0 为底的常用对数时，可以用实数除法指令/R 或 DIV_R 除以 2.302 585（LNl0＝2.302 585）即可。

3. 指数函数指令 EXP

EXP 指令的功能是将一个双字长（32 位）的实数 IN 取以 e 为底的指数，得到 32 位的实数结果 OUT。

在 LAD 及 FBD 中，指数函数以功能框的形式编程，指令名称为 EXP，指令格式如图 8-13 所示。EN 为允许输入端，EN0 为允许输出端。当允许输入有效时，执行求指数函数运算，执行结果是：EXP（IN）＝OUT。

影响 EXP 指令的特殊继电器：SM1.0（零）、SM1.1（溢出）、SM1.2（负）和 SM4.3（运行时间）。

影响允许输出 ENO 正常工作的出错条件为：SM1.1（溢出）和 0006（间接寻址）。

当求解以任意常数为底的指数时，可以用指数指令和对数指令相配合来完成。

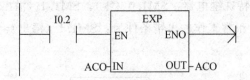

图 8-13　指数函数指令 EXP

4. 正弦函数指令 SIN

SIN 指令的功能是求 1 个双字长（32 位）的实数弧度值 IN 的正弦值，得到 32 位的实数结果 OUT。

如果 IN 是以角度值表示的实数，要先将角度值转化为弧度值。

在 LAD 及 FBD 中，正弦函数以功能框的形式编程，指令名称为 SIN，指令格式如

图 8-14 所示。EN 为允许输入端，EN0 为允许输出端。当允许输入有效时，执行求正弦函数运算，执行结果是：SIN（IN）＝OUT。

在 STL 中，SIN 指令的指令格式是：SIN IN，OUT。

指令执行结果是：SIN（IN）＝OUT。

影响 SIN 指令的特殊继电器：SM1.0（零）、SM1.1（溢出）、SM1.2（负）和 SM4.3（运行）。

影响允许输出 ENO 正常工作的出错条件为 SM1.1（溢出）和 0006（间接寻址）。

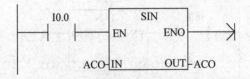

图 8-14 正弦函数指令

5. 余弦函数指令 COS

COS 指令的功能是求一个双字长（32 位）的实数弧度值 IN 的余弦值，得到 32 位的实数结果 OUT。

如果 IN 是以角度值表示的实数，要先将角度值转化为弧度值。

在 LAD 及 FBD 中，余弦函数以功能框的形式编程，指令名称为 COS，指令格式如图 8-15 所示。EN 为允许输入端，ENO 为允许输出端，当允许输入 EN 有效时，执行求余弦函数运算，执行结果是：COS（IN）＝OUT。

在 STL 中，COS 指令的指令格式是：COS IN，OUT。

指令执行结果是：COS（IN）＝OUT。

影响 COS 指令的特殊继电器：SM1.0（零）、SM1.1（溢出）、SM1.2（负）和 SM4.3（运行）。

影响允许输出 ENO 正常工作的出错条件为 SM1.1 溢出和 0006（间接寻址）。

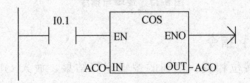

图 8-15 余弦函数指令

6. 正切函数指令 TAN

TAN 指令的功能是求 1 个双字长（32 位）的实数弧度值 IN 的正切值，得到 32 位的实数结果 OUT。

如果 IN 是以角度值表示的实数，要先将角度值转化为弧度值。

在 LAD 及 FBD 中，正切函数以功能框的形式编程，指令为 TAN，指令格式如图

8-16 所示。EN 为允许输入端，EN0 为允许输出端。当允许 EN 有效时，执行求正切函数运算，执行结果是：TAN（IN）＝OUT。

在 STL 中，TAN 指令的指令格式是：TANIN，OUT。

指令执行结果是：TAN（IN）＝OUT。

影响 TAN 指令的特殊继电器：SM1.0（零）、SM1.1（溢出）、SM1.2（负）和 SM4.3（运行）。

影响允许输出 ENO 正常工作的出错条件为 SM1.1（溢出）和 0006（间接寻址）。

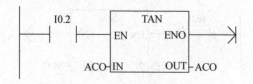

图 8-16　正切函数指令

8.3.3　逻辑运算指令简介

逻辑运算是对无符号数按位进行与、或、异或和取反等操作。操作数的长度有 B、W、DW。

1. 逻辑与（WAND）指令

将输入 IN1，IN2 按位相与，得到的逻辑运算结果，放入 OUT 指定的存储单元，指令格式如图 8-17 所示。

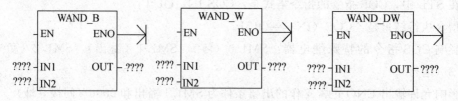

图 8-17　逻辑与指令

2. 逻辑或（WOR）指令

将输入 IN1，IN2 按位相或，得到的逻辑运算结果，放入 OUT 指定的存储单元，指令格式如图 8-18 所示。

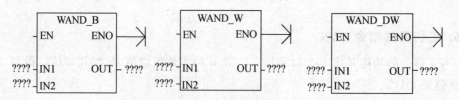

图 8-18　逻辑或指令

3. 逻辑异或（WXOR）指令

将输入 IN1，IN2 按位相异或，得到的逻辑运算结果，放入 OUT 指定的存储单元，指令格式如图 8-19 所示。

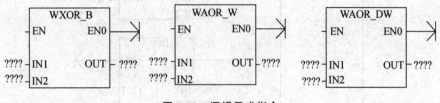

图 8-19   逻辑异或指令

4. 取反（INV）指令

将输入 IN 按位取反，将结果放入 OUT 指定的存储单元，指令格式如图 8-20 所示。

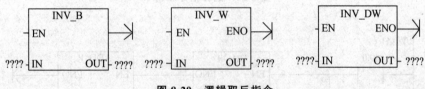

图 8-20   逻辑取反指令

逻辑运算指令在梯形图中应设置 IN2 和 OUT 所指定的存储单元相同。若在梯形图指令中，IN2（或 IN1）和 OUT 所指定的存储单元不同，则在语句表指令中需使用数据传送指令，将其中一个输入端的数据先送入 OUT，在进行逻辑运算。

ENO＝0 的错误条件为 0006 间接地址、SM4.3 运行时间。

对标志位的影响：SM1.0（零）。

8.3.4   运算指令应用

（1）用整数运算指令将 VW2 中的整数乘以 0.932 后存放在 VW6 中。程序如图 8-21 所示。

（2）梯形面积计算：已知梯形图上底为 $a=3$ cm，下底为 $b=4$ cm，一斜边为 $c=4$ cm，且与下底夹角为 $\theta=30°$，试求取该梯形图面积 S，并确定结果是否正确。

根据任务要求，梯形图面积 $S=(a+b)\,c\sin\theta\,/\,2$，可以通过数学运算指令完成，对运算结果是否正确可以使用比较指令来实现，并使用输出端口连接的指示灯是否点亮确定。程序如图 8-22 所示，其中 I0.0 为启动按钮，Q0.0 为驱动运算结果是否正确指示灯 L1 显示。

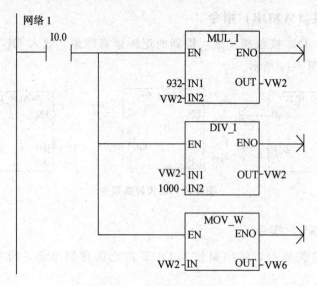

图 8-21 运算指令应用

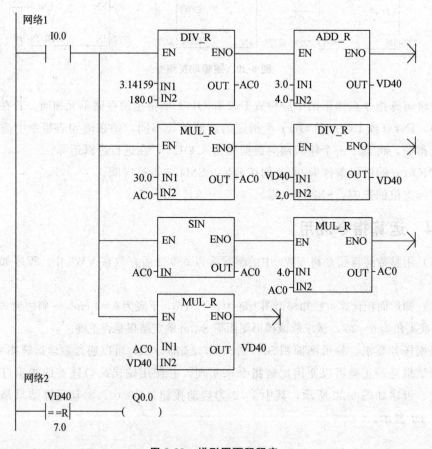

图 8-22 梯形图面积程序

8.4　任务实施

8.4.1　设备配置

设备配置如下。

（1）一台 S7－200PLC 系列 CPU224 及以上 PLC。

（2）装有 STEP7－Micro/WINV4.0SP$_6$ 及以上版本编程软件的 PC 机。

（3）自动售货机控制模拟装置。

（4）PC/PPI 电缆。

（5）导线若干。

8.4.2　自动售货机 PLC 控制系统输入输出分配表

自动售货机控制输入输出分配表如表 8-8 所示。

表 8-8　自动售货机控制输入输出分配表

输入			输出		
输入继电器	输入元件	作用	输出继电器	控制元件	控制对象
I0.0	ST1	1 元感应器	Q0.0	HL1	有钱指示灯
I0.1	ST2	5 元感应器	Q0.1	YV1	汽水阀门
I0.2	ST3	10 元感应器	Q0.2	YV2	咖啡阀门
I0.3	SB1	汽水按钮	Q0.3	HL2	咖啡指示灯
I0.4	SB2	咖啡按钮	Q0.4	HL3	找钱指示灯
I0.5	SB3	退币按钮	Q0.5	HL4	找钱指示灯

8.4.3　自动售货机 PLC 控制系统接线图

根据控制要求设计的自动售货机 PLC 控制系统如图 8-23 所示。

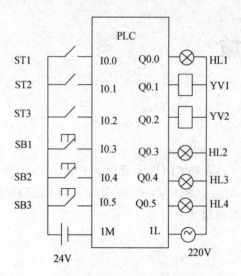

图 8-23　自动售货机 PLC 控制系统接线图

8.4.4　自动售货机 PLC 控制系统符号表

自动售货机 PLC 控制系统符号表如表 8-9 所示。

表 8-9　自动售货机 PLC 控制系统符号表

			符号	地址	注释
1			一角感应器	I0.0	
2			五角感应器	I0.1	
3			一元感应器	I0.2	
4			汽水按钮	I0.3	
5			咖啡按钮	I0.4	
6			汽水指示灯	Q0.0	
7			咖啡指示灯	Q0.1	
8			找钱指示灯	Q0.2	
9			汽水电磁阀	Q0.3	
10			咖啡电磁阀	Q0.4	

8.4.5　自动售货机 PLC 控制程序

根据控制要求，把自动售货机的控制程序分成计算投入的钱的总额、指示灯的控制、阀门的开启和余额的计算四个部分，其程序分别如图 8-24、图 8-25、图 8-26 和图 8-27 所示。

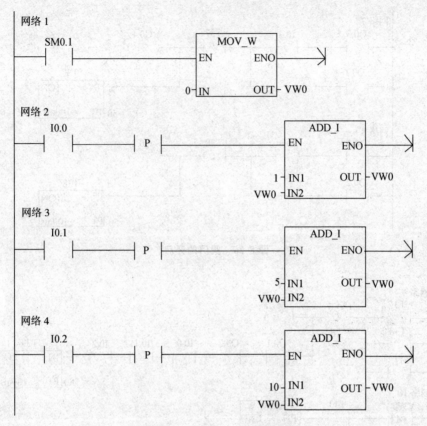

图 8-24   计算投入的钱的总额

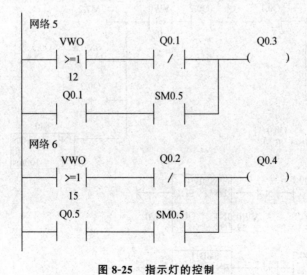

图 8-25   指示灯的控制

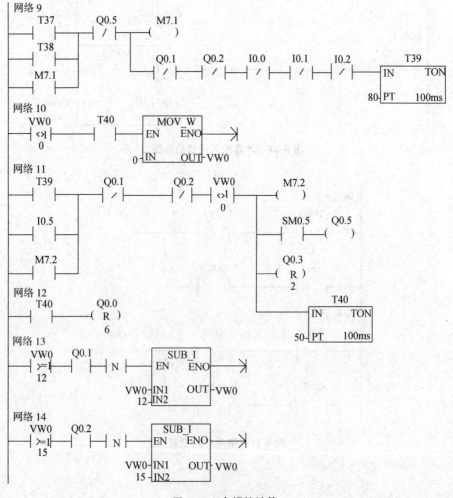

图 8-26　阀门的开启

图 8-27　余额的计算

8.4.6　程序调试与运行

（1）建立 PLC 与上位机的通信联系，将程序下载到 PLC。

（2）运行程序。单击工具栏运行图标，运行程序。可单击监控图标进入监控状态，观察程序运行结果。可以使用强制功能，进行脱机调试。

（3）操作控制按钮，观察运行结果。

（4）分析程序运行结果，编写相关技术文件。

8.5　任务评价

自动售货机 PLC 控制程序设计能力与模拟调试能力评价标准表 8-10 所示。评价的方式可以教师评价、也可以自评或者互评。

表 8-10　自动售货机 PLC 控制任务评价表

序号	主要内容	考核要求	评分标准	配分	扣分	得分
1	电路及程序设计	①根据控制要求，列出 PLC 输入/输出（I/O）口元器件的地址分配表和设计 PLC 输入/输出（I/O）口的接线图 ②根据控制要求设计 PLC 梯形图程序和对应的指令表程序	①PLC 输入/输出（I/O）地址遗漏或搞错，每处扣 5 分 ②PLC 输入/输出（I/O）接线图设计不全或设计有错，每处扣 5 分 ③梯形图表达不正确或画法不规范，每处扣 5 分 ④接线图表达不正确或画法不规范，每处扣 5 分 ⑤PLC 指令程序有错，每条扣 5 分	40		
2	程序输入及调试	①熟练操作 PLC 键盘，能正确地将所编写的程序输入 PLC ②按照被控设备的动作要求进行模拟调试，达到设计要求	①不会熟练操作 PLC 键盘输入指令，扣 10 分 ②不会用删除、插入、修改等命令，每次扣 10 分 ③缺少功能每项扣 25 分	30		
3	通电试车	在保证人身和设备安全的前提下，通电试车成功	①第一次试车不成功扣 10 分 ②第二次试车不成功扣 20 分 ③第三次试车不成功扣 30 分	30		

（续表）

序号	主要内容	考核要求	评分标准	配分	扣分	得分
4	安全文明生产	①严格按照用电的安全操作规程进行操作 ②严格遵守设备的安全操作规程进行操作 ③遵守 6S 管理守则	①违反用电的安全操作规程进行操作，酌情扣 5～40 分 ②违反设备的安全操作规程进行操作，酌情扣 5～40 分 ③违反 6S 管理守则，酌情扣 1～5 分	倒扣		
备注	除了定额时间外，各项内容的最高分不应超过配分数；每超时 5 min 扣 5 分		合计	100		

| 定额时间 | 120 min | 开始时间 | | 结束时间 | | 考评员签字 | | 年　　月　　日 | | |

8.6　知识和能力拓展

8.6.1　知识拓展

1. 递增、递减指令

递增、递减指令用于对输入无符号数字节、符号数字、符号数双字进行加 1 或减 1 的操作。

（1）字节递增（INC－B）/字节递减（DEC－B）指令。字节递增和字节递减字节指令在输入字节（IN）上加 1 或减 1，并将结果置入 OUT 指定的变量中，字节递增和递减运算不带符号。指令格式如图 8-28 所示。

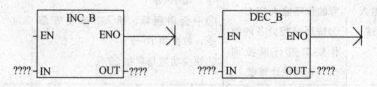

图 8-28　字节递增/字节递减指令

（2）字递增（INC－W）/字递减（DEC－W）指令。字递增和字递减指令在输入字（IN）上加 1 或减 1，并将结果置入 OUT。字递增和递减运算带符号（16＃7FFF＞16＃8000）。指令格式如图 8-29 所示。

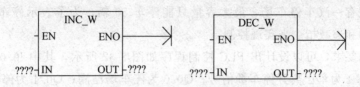

图 8-29 字递增/字递减指令

（3）双字递增（INC－DW）/双字递减（DEC－DW）指令。双字递增和双字递减指令在输入双字（IN）上加 1 或减 1，并将结果置入 OUT。双字递增和递减运算带符号（16♯7FFFFFFF＞16♯80000000）。指令格式如图 8-30 所示。

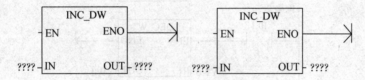

图 8-30 双字递增/双字递减指令

说明：

（1）使 ENO＝0 的错误条件：SM4.3（运行时间），0006（间接地址），SM1.1 溢出）。

（2）影响标志位：SM1.0（零），SM1.1（溢出），SM1.2（负数）。

（3）在梯形图指令中，IN 和 OUT 可以指定为同一存储单元，这样可以节省内存，在语句表指令中不需使用数据传送指令。

2. 递增和递减指令应用

（1）编制检测上升沿变化的程序。每当一个上升沿到来时，使存储单元 MD1 的值增加 1，如果计数达到 5，输出 Q0.0 接通显示，并使存储单元 MD1 被重新置为 0。

根据控制要求，可设计出 PLC 控制程序如图 8-31 所示。

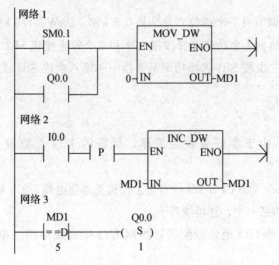

图 8-31 编制检测上升沿变化的程序

（2）假设有一汽车停车场，最大容量只能停车 50 辆，为了表示停车场是否有空位，试用递增和递减指令来实现控制。

根据控制要求，可以设计出 PLC 控制程序如图 8-32 所示，其中 I0.0 为车进入停车场信号；I0.1 为车已离开停车场信号；Q0.0 为停车场已满；Q0.1 为停车场有空位；VW0 为存放停车场车辆数（最大 50 辆）。

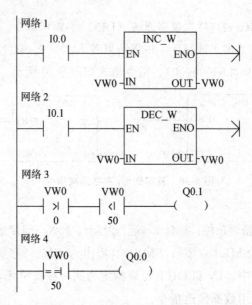

图 8-32 汽车停车场控制程序

8.6.2 能力拓展

1. 控制要求

某加热器的功率调节有 7 个档位，分别是 0.5 kW、1 kW、1.5 kW、2 kW、2.5 kW、3 kW 和 3.5 kW，加热由 1 个功率选择按钮 SB1 和 1 个停止按钮 SB2 控制。第一次按 SB1 选择功率第 1 挡，第二次按 SB1 选择功率第 2 挡……第八次按 SB1 或按停止按钮 SB2 时，停止加热。

2. 操作过程

（1）元件选型：由于本任务较为简单，所需的 I/O 点数较少，考虑使用小型的 PLC。

设备选择如下：S7-200 CPU 224 一台，上位机及通信电缆，0.5 kW、1 kW、2 kW 加热元件各一个，启动按钮一个，连接线若干。

（2）列出控制系统 I/O 地址分配表，绘制 I/O 接口线路图。根据线路图连接硬件系统。

（3）根据控制要求，设计梯形图程序。

（4）编写、调试程序。

（5）运行控制系统。

（6）汇总整理文档，保留工程资料。

8.7　思考与练习

1. 用整数除法指令将 VW100 中的数据（240）除以 8 后存放到 AC0 中。

2. 设计一个程序，将 85 传送到 VW0，23 传送到 VW10，并完成以下操作：

（1）求 VW0 与 VW10 的和，结果送到 VW20 中；

（2）求 VW0 与 VW10 的差，结果送到 VW30 中；

（3）求 VW0 与 VW10 的积，结果送到 VW40 中；

（4）求 VW0 与 VW10 的余数和商，结果送到 VW50、VW52 中。

3. 三角形面积计算：已知三角形边 $a = 6$ cm，$b = 4$ cm，$c = 4$ cm，试求该三角形面积 S。

4. 作 $500 \times 20 + 300 \div 15$ 的运算，并将结果送 VW50 中。

5. 虚拟存钱罐控制：存钱罐最初是空的。存钱时可投入 1 毛、5 毛、1 块的硬币；当存的钱在 50 元以下，绿色指示灯亮；当存的钱在 50 元以上 100 元以下，红色指示灯亮；当取钱时，存钱罐清空。试用所讲的指令实现该要求。

6. 求 65° 的正切、余弦和正弦值。

7. 求以 10 为底，150 的常用对数。

8. 某市出租车收费标准如下：乘车里程不超过 2 km 的一律收费 5 元；乘车里程超过 2 km 的，除了收费 5 元外超过部分按每公里 2 元计费．如果有人乘出租车行驶了 x km（$x > 2$），那么汽车计价器显示的费用为多少元？

项目 9
工业机械手的 PLC 控制

9.1　任务导入

在工业生产和其他领域内，由于工作的需要，人们经常受到高温、腐蚀及有毒气体等因素的危害，增加了工人的劳动强度，甚至于危机生命。机械手就在这样诞生了，机械手是工业机器人系统中传统的任务执行机构，是机器人的关键部件之一。机械手的机械结构采用滚珠丝杆、滑杆、气缸等机械器件组成；电气方面有步进电机、驱动模块、传感器、开关电源、电磁阀、等电子器件组成。该装置涵盖了可编程控制技术，位置控制技术、气动技术、检测技术等，是机电一体化的典型代表仪器之一。

机械手动作示意图如图 9-1 所示，它是一个水平/垂直运动的机械设备，用来将工件由传送带 A 搬到传送带 B。

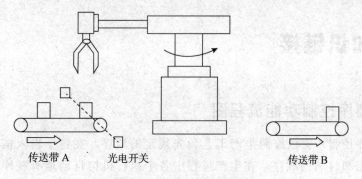

图 9-1　机械手动作示意图

机械手的控制要求如下：在传输带 A 端部，安装了光电开关，用以检测物品的到来。当光电开关检测到物品时为 ON 状态；机械在原位时，按下启动按钮，系统启动，传送带 A 运转。当光电开关检测到物品后，传送带 A 停；传输带 A 停止后，机械手进行一次循环动作，把物品从传送带 A 上搬到传送带 B（连续运转）上。机械手返回原位后，自动启动传送带 A 运转，进行下一个循环。按下停止按钮后，待整个循环完成后，机械手返回原位，才能停止工作。机械手的上升/下降和左移/右移的执行结构均采用双线圈的二位电磁阀驱动液压装置实现，每个线圈完成一个动作。抓紧/放松由单线圈二位电磁阀驱动液压装置完成，线圈得电时执行抓紧动作，线圈断电时执行放松动作。机械手的上升、下降、左移、右移动作均由限位开关控制。抓紧动作由压力继电器控制，当抓紧时，压力继电器动合触点闭合。放松动作为时间控制（设为 2 s）。其动作过程如图 9-2 所示。

图 9-2　机械手的动作过程如图

9.2　任务分析

为了解决用 PLC 的基本逻辑指令编写顺序控制梯形图时所存在的编程复杂、不易理解等问题，故采用 PLC 顺序功能图来编写顺序控制梯形图是一种非常有效的方法。该方法具有编程简单而且直观等特点，工业机械手的控制是一个典型的顺序控制例子，使用一般的基本指令来实现时，很容易引起控制程序的思路混乱，会使程序变得复杂。使用步进功能流程图和顺序控制指令会使控制程序的编写变得清晰，简单，从而提高编程的效率。

9.3 知识链接

9.3.1 顺序控制功能流程图

所谓顺序控制，就是按照生产工艺预先规定的顺序，在各个输入信号的作用下，根据内部状态和时间的顺序，在生产过程中各个执行机构自动地有秩序地进行操作。使用顺序控制设计法时首先根据系统的工艺过程，画出顺序功能图，然后根据顺序功能图画出梯形图。有的可编程序控制器为用户提供了顺序功能图语言，在编程软件中生成顺序功能图后便完成了编程工作。它是一种先进的设计方法，很容易被初学者接受，对于有经验的工程师，也会提高设计的效率，程序的调试、修改和阅读也很方便。某厂有经验的电气工程师用经验设计法设计某控制系统的梯形图，花了两周的时间，同一系统改用顺序控制设计法，只用了不到半天的时间，就完成了梯形图的设计和模拟调试，现场试车一次成功。

顺序控制设计法最基本的思想是将系统的一个工作周期划分为若干个顺序相连的阶段，这些阶段称为步（Step），并用编程元件（例如位存储器 M 和顺序控制继电器 s）来代表各步。步是根据输出量的状态变化来划分的，在任何一步之内，各输出量的 ON/OFF 状态不变，但是相邻两步输出量的状态是不同的。步的这种划分方法使代表各步的编程元件的状态与各输出量的状态之间有着极为简单的逻辑关系。使系统由当前步进入下一步的信号称为转换条件，转换条件可以是外部的输入信号，如按钮、指令开关、限位开关的接通/断开等；也可以是可编程序控制器内部产生的信号，如定时器、计数器常开触点的接通等。转换条件还可能是若干个信号的与、或、非逻辑组台。

顺序控制设计法用转换条件控制代表各步的编程元件，让它们的状态按一定的顺序变化然后用代表各步的编程元件去控制可编程序控制器的各输出位。

1. 顺序控制功能流程图的由来

顺序功能图（Sequential Function Chart）是描述控制系统的控制过程、功能和特性的一种图形，也是设计可编程序控制器的顺序控制程序的有力工具。

顺序功能图并不涉及所描述的控制功能的具体技术，它是一种通用的技术语言，可以供进一步设计和不同专业的人员之间进行技术交流之用。

在法国的 TE（Telemecanique）公司研制的 Grafcet 的基础上，1978 年法国公布了用于工业过程文件编制的法国标准 Afcet，第二年公布了功能图（Functlon Chart）的国家标准 Grafeet，它提供了所谓的步（Step）和转换（Transltion）这两种简单的结构，这样可以将系统划分为简单的单元，并定义出这些单元之间的顺序关系。

1994 年 5 月公布的 IEC 可编程序控制器标准（IECll31）中，顺序功能图被确定为可编程序控制器位居首位的编程语言。我国也在 1986 年颁布了顺序功能图的国家标准

GB6988.6—1986。顺序功能图主要由步、有向连线、转换、转换条件和动作（或命令）组成。

2. 顺序功能图的组成

（1）步。步是控制系统中的一个相对不变的性质，它对应于一个稳定的状态。在功能流程图中步通常表示某个执行元件的状态变化。步用矩形框表示，框中的数字是该步的编号，编号可以是该步对应的工步序号，也可以是与该步相对应的编程元件（如 PLC 内部的通用辅助继电器、步标志继电器等）。步的图形符号如图所示。

（2）初始步。初始步对应于控制系统的初始状态，是系统运行的起点。一个控制系统至少有一个初始步，初始步用双线框表示，如图 9-3 所示。

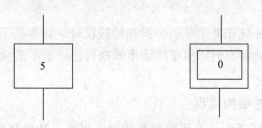

图 9-3　步和初始步

（3）有向线段和转移条件。

①有向连线。在顺序功能图中，随着时间的推移和转换条件的实现，将会发生步的活动状态的进展，这种进展按有向连线规定的路线和方向进行。在画顺序功能图时，将代表各步的方框按它们成为活动步的先后次序顺序排列，并用有向连线将它们连接起来。步的活动状态习惯的进展方向是从上到下或从左至右，在这两个方向有向连线上的箭头可以省略。如果不是上述的方向，应在有向连线上用箭头注明进展方向。在可以省略箭头的有向连线上，为了更易于理解也可以加箭头。

②转换。转换用有向连线上与有向连线垂直的短划线来表示，转换将相邻两步分隔开。步的活动状态的进展是由转换的实现来完成的，并与控制过程的发展相对应。

③转换条件。转换条件是与转换相关的逻辑命题，转换条件可以用文字语言、布尔代数表达式或图形符号标注在表示转换的短线的旁边，使用得最多的是布尔代数表达式。

（4）与步对应的动作或命令。可以将一个控制系统划分为被控系统和施控系统，例如在数控车床系统中，数控装置是施控系统，而车床是被控系统。对于被控系统，在某一步中要完成些"动作"（Acttion）；对于施控系统，在某一步中则要向被控系统发出某些"命令"（Command）。为了叙述方便，下面将命令或动作统称为动作，并用矩形框中的文字或符号表示，该矩形框应与相应的步的符号相连。

如果某一步有几个动作，可以用图 9-4 中的两种画法来表示，但是并不隐含这些动作之间的任何顺序。说明命令的语句应清楚地表明该命令是存储型的，还是非存储型的。例如某步的存储型命令"打开 1 号阀并保持",是指该步活动时 1 号阀打开,该步不活动时继续打开;非存储型命令"打开 1 号阀",是指该步活动时打开,不活动时关闭。

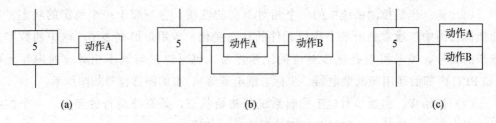

(a)   (b)   (c)

图 9-4 "动作"表示方法

(5)活动步。当系统正处于某一步所在的阶段时.该步处于活动状态,称该步为"活动步"。步处于活动状态时,相应的动作被执行;处于不活动状态时,相应的非存储型动作被停止执行。

3. 顺序功能图的结构类型

(1)单序列。单序列由一系列相继激活的步组成,是最简单的一种顺序功能图,如图 9-5 所示。每一步的后面仅接有一个转换,每一个转换的后面只有一个步。

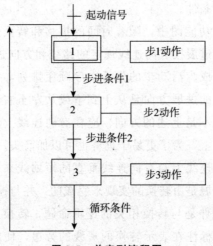

图 9-5 单序列流程图

(2)选择系列。如图 9-6 所示,如果步 1 是活动的,并且 a=1 时,则发生步 1 到步 2 的转换;如果步 1 是活动的,并且 d=1 时,则发生步 1 到步 10 的转换;一般情况下,分支处只允许选择一个序列,如果转换条件 d 改为 da,则当 a 和 d 同时为 ON 时,讲优先选择 a 所对应的序列。

(3)并行序列。如图 9-7 所示当步 1 是活动的,并且条件 a=1 时,步 2 和步 4 这两个步同时变为活动步;同时步 1 变为不活动步;为了强调同步实现,水平连线用双线表示。步 2 和步 4 激活后,每个序列中的活动步将是独立的。当直接连在双线上的所有前级步都处于活动状态，并且转换条件 d＝1 时，才发生步 3、步 5 到步 6 的进展。即步 3、步 5 同时变为不活动步，而步 6 变为活动步。

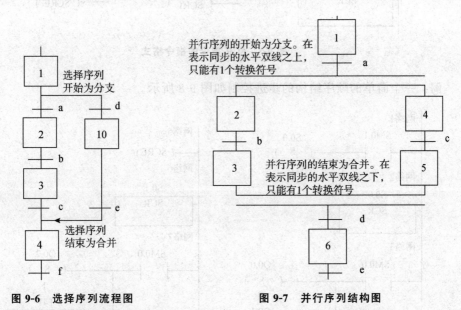

图 9-6　选择序列流程图　　　　　图 9-7　并行序列结构图

4. 顺序功能图使用规则

顺序功能图使用规则主要有以下几个。

（1）两个步绝对不能直接相连，必须用一个转换将它们分隔开。

（2）两个转换也不能直接相连，必须用一个步将它们分隔开。

（3）不要漏掉初始步。

（4）在顺序功能图中一般应有由步和有向连线组成的闭环。

9.3.2　顺序控制指令

在 PLC 的程序设计中，经常采用顺序控制继电器来完成顺序控制和步进控制，因此顺序控制继电器指令也常常称为步进控制指令。

在顺序控制或步进控制中，常常将控制过程分成若干个顺序控制继电器（SCR）段，一个 SCR 段有时也称为一个控制功能步，简称步。每个 SCR 都是一个相对稳定的状态，都有段开始，段结束，段转移。在 S7－200 中，有 3 条简单的 SCR 指令与之对应。

1. SCR 指令

（1）SCR：步开始指令，为步开始的标志，该步的状态元件的位置 1 时，执行该步。

（2）SCRT：步转移指令，使能有效时，关断本步，进入下一步。

（3）SCRE：步结束指令，为步结束的标志。

在梯形图中，段开始指令以功能框的形式编程，指令名称为 SCR，段转移和段结束指令以线圈形式编程，三个指令的指令格式如图 9-8 所示。

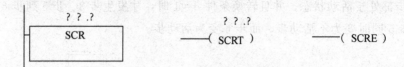

图 9-8　SCR 指令的指令格式

例：一个简单的顺序结构的步进控制如图 9-8 所示。

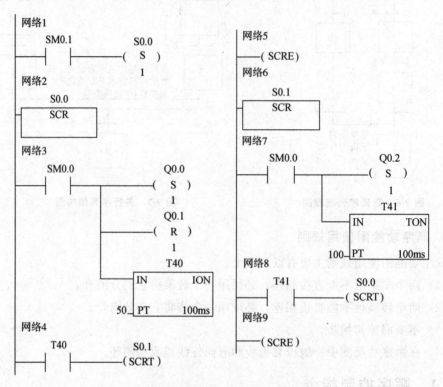

图 9-8　顺序结构的步进控制程序图

2. 使用顺序控制继电器指令的注意事项

（1）步进控制指令 SCR 只对状态元件 S 有效。为了保证程序的可靠运行，驱动状态元件 S 的信号应采用短脉冲。

（2）不能把同一编号的状态元件用在不同的程序中。例如，如果在主程序中使用 S0.1，则不能在子程序中再使用。

（3）当输出需要保持时，可使用 S/R 指令。

（4）在 SCR 段中不能使用 JMP 和 LBL 指令。即不允许跳入或跳出 SCR 段，也不允许在 SCR 段内跳转。可以使用跳转和标号指令在 SCR 段周围跳转。

（5）不能在 SCR 段中使用 FOX、NEXT 和 END 指令。

通常为了自动进入顺序功能流程图，一般利用特殊辅助继电器 SM0.1 将 S0.1 置 1。

若在某步为活动步时，动作需直接执行，可在要执行的动作前接上 SM0.0 动合触点，避免线圈与左母线直接连接的语法错误。

3. 在状态流程图中使用步进指令编程

（1）单纯顺序结构的步进控制比较简单，其状态流程图及步进控制程序如图 9-9 所示。

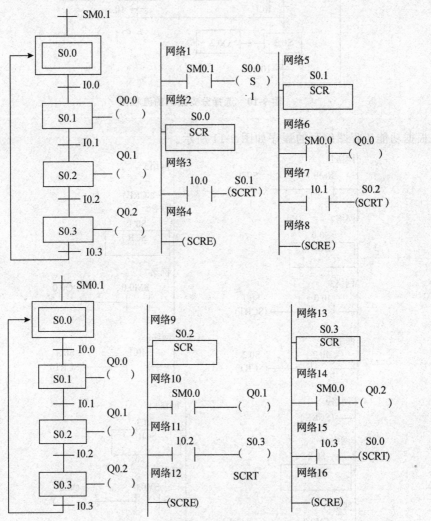

图 9-9　状态流程图及步进控制程序

（2）选择分支结构的步进控制。如图 9-10 所示为选择分支结构的功能流程图，当 I0.1 闭合时，选择执行 S0.1 步；当 I0.2 闭合，选择执行 S0.2 步；当 I0.1 或 I0.3 任一个闭合，都能使 S0.3 接通。

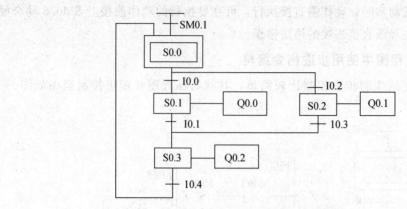

图 9-10　选择分支结构的流程图

根据功能流程图编写的程序如图 9-11 所示。

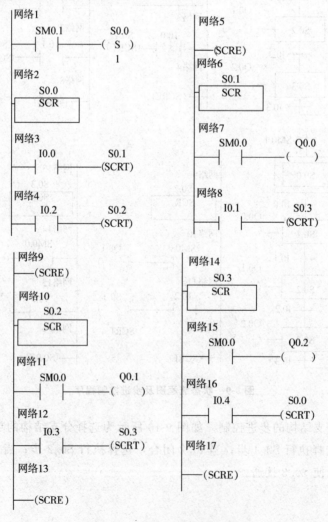

图 9-11　选择分支结构的梯形图

（3）并列分支结构的步进控制。图 9-12 为并列分支结构的步进控制流程图，当 I0.1 接通时，S0.2 和 S0.4 同时接通。由流程图编写的梯形图如图 9-13 所示。

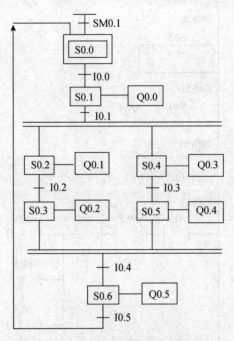

图 9-12　并列分支结构的流程图

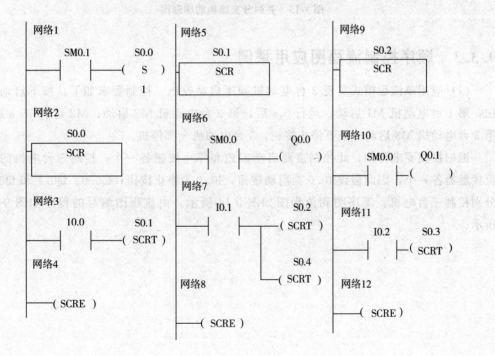

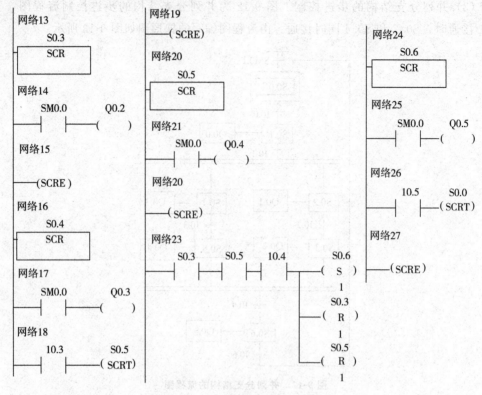

图 9-13　并列分支结构的梯形图

9.3.3　顺序控制流程图应用举例

（1）应用单流程模式实现 3 台电动机顺序启动控制。控制要求如下：按下启动按钮，第 1 台电动机 M1 启动；运行 5 s 后，第 2 台电动机 M2 启动；M2 运行 15 s 后，第 3 台电动机 M3 启动。按下停止按钮，3 台电动机全部停机。

根据控制要求可知，此控制需要启动按钮和停止按钮各一个，控制三台电机的交流接触器各一个，因此假设 I0.0 为启动按钮，I0.1 为停止按钮；Q0.0、Q0.1 和 Q0.2 分别控制三台电机。工序图和流程图如图 9-14 所示。由流程图编写的程序如图 9-15 所示。

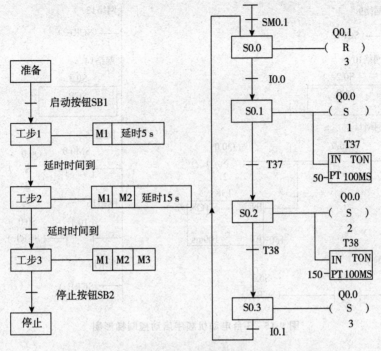

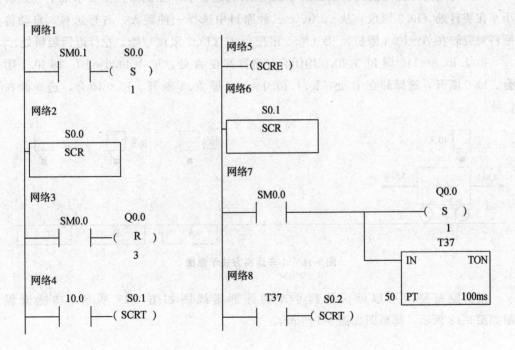

图 9-14 3 台电动机顺序启动控制工序图和流程图

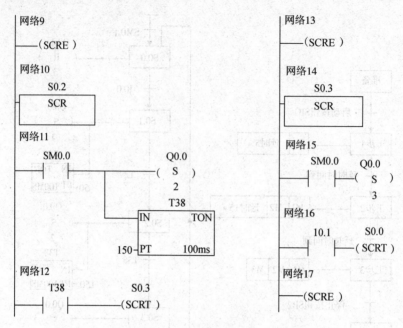

图 9-15　3 台电动机顺序启动控制梯形图

（2）应用选择流程模式实现如图 9-16 所示的运料小车控制。控制要求如下：运料小车在装料处（I0.3 限位）从 a、b、c 三种原料中选择一种装入，右行送料，自动将原料对应卸在 A（I0.4 限位）、B（I0.5 限位）、C（I0.6 限位）处，左行返回装料处。

I0.1.I0.0=11，即 I0.1.I0.0 均闭合，选择卸在 A 处；I0.1.I0.0=10、即 I0.1 闭合、I0.0 断开，选择卸在 B 处；I0.1.I0.0=01，即 I0.1 断开、I0.0 闭合，选择卸在 C 处。

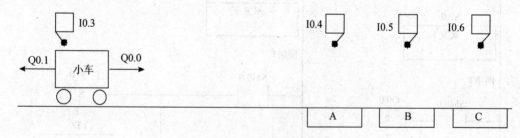

图 9-16　小车运料方式示意图

根据控制要求可以画出运料小车的外部接线图如图 9-17 所示，功能流程图如图 9-18 所示，梯形图如图 9-19 所示。

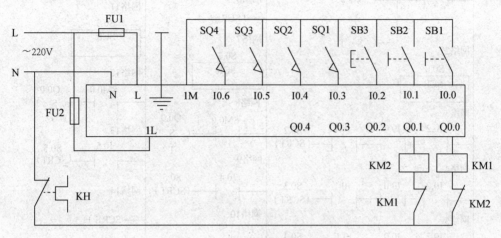

图 9-17 运料小车的外部接线图

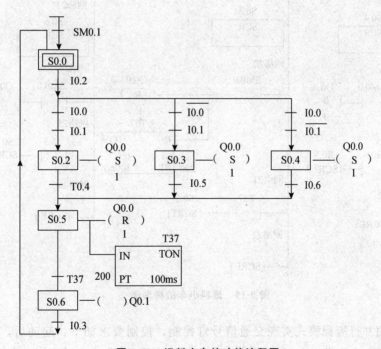

图 9-18 运料小车的功能流程图

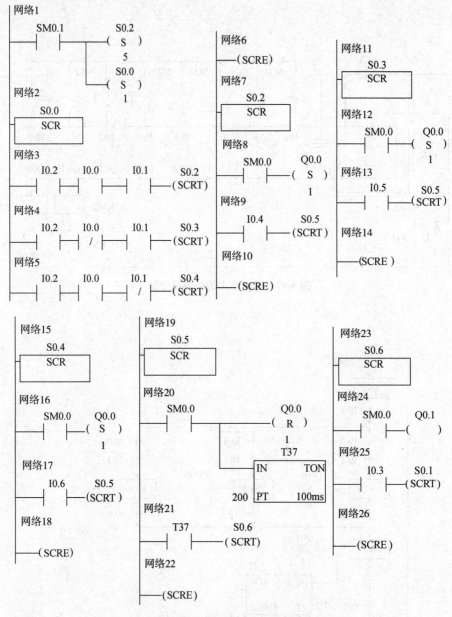

图 9-19　运料小车的梯形图

（3）应用并行流程模式实现交通信号灯控制，控制要求如下：起动后，南北红灯亮并维持 60 s。在南北红灯亮的同时，东西绿灯点亮。到 50 s 时熄灭，东西黄灯亮。黄灯亮 10 s 后灭，东西红灯亮。与此同时，南北红灯灭，南北绿灯亮 50 s 后熄灭，黄灯亮 10 s 后熄灭，南北红灯亮，东西绿灯亮。

根据控制要求可以画出交通信号灯的外部接线图如图 9-20 所示，功能流程图如图 9-21 所示，梯形图如图 9-22 所示。

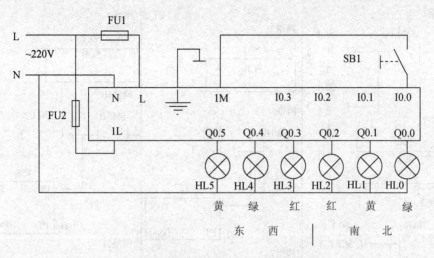

图 9-20　交通信号灯控制的外部接线图

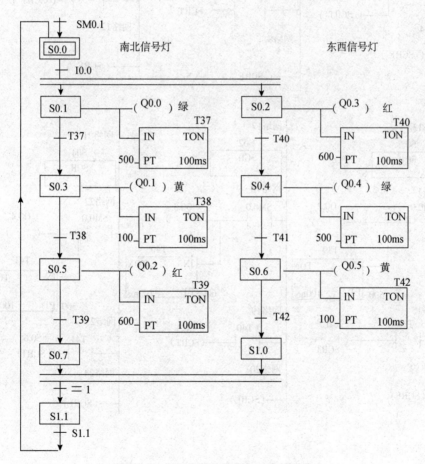

图 9-21　交通信号灯控制的外部接线图

西门子可编程控制器应用技术

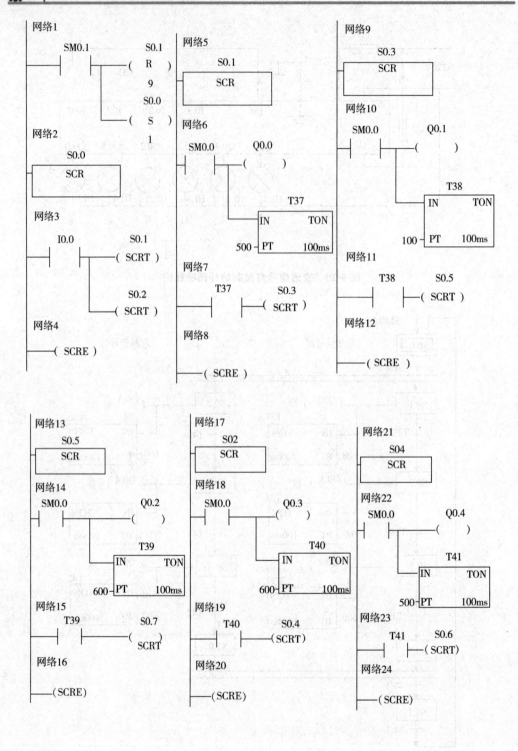

· 160 ·

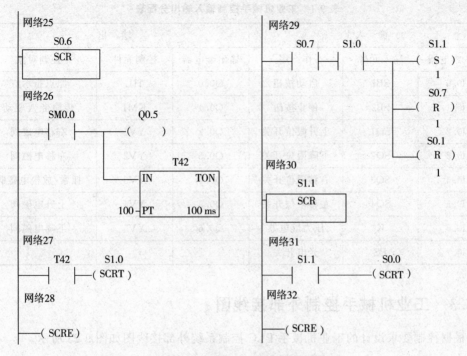

图 9-22 交通信号灯控制的梯形图

9.4 任务实施

9.4.1 设备配置

设备配置如下。

（1）一台 S7-200PLC 系列 CPU224 及以上 PLC。

（2）装有 STEP7-Micro/WINV4.0SP6 及以上版本编程软件的 PC 机。

（3）工业机械手控制模拟装置。

（4）PC/PPI 电缆。

（5）导线若干。

9.4.2 工业机械手 PLC 控制系统输入输出分配表

工业机械手控制输入输出分配表如表 9-1 所示。

表 9-1 工业机械手控制输入输出分配表

输入			输出		
输入继电器	输入元件	作　用	输出继电器	控制元件	控制对象
I0.0	SB1	启动按钮	Q0.0	HL	原点指示灯
I0.1	SB2	停止按钮	Q0.1	KM1	传输带 A 驱动
I0.2	SQ1	上升限位开关	Q0.2	YV1	右移电磁阀
I0.3	SQ2	下降限位开关	Q0.3	YV2	左移电磁阀
I0.4	SQ3	右移限位开关	Q0.4	YV3	抓紧/放松电磁阀
I0.5	SQ4	左移限位开关	Q0.5	YV4	上升电磁阀
I0.6	K	压力继电器	Q0.6	YV5	下降电磁阀
I0.7	PS	光电开关			

9.4.3 工业机械手控制外部接线图

根据控制要求设计的工业机械手 PLC 控制系统外部接线图如图 9-23 所示。

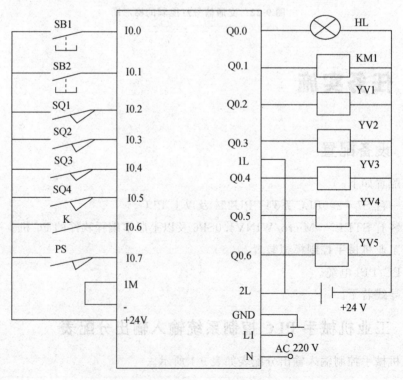

图 9-23 工业机械手 PLC 控制系统外部接线图

9.4.4　工业机械手 PLC 控制程序

根据机械手的工作过程，我们可以将其　工作过程分解为九个步骤，这是典型的具有步进性质的顺序控制，因此就可以用顺控继电器来设计机械手的控制程序。图 9-24 为机械手控制的功能流程图。

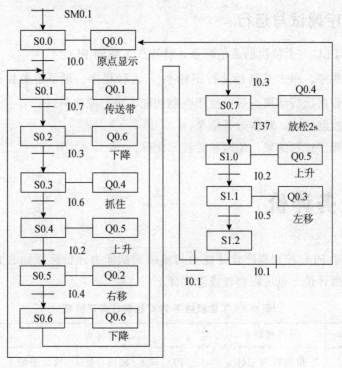

图 9-24　机械手控制的功能流程图

当机械手在原位时，按下启动按钮 SB1，与其对应的输入点 I0.0 为 ON，使传送带 A 运转（Q0.1 为 ON）；当光电开关 PS 检测到有物品后，I0.7 为 ON，使 Q0.1 为 OFF，传送带 A 停止运行。在 Q0.1 的下降沿，下降电磁阀（Q0.6）得电，进入 S0.3 步，使机械手执行下降的动作。机械手下降到位时，下降限位开关 I0.3 为 ON，下降电磁阀（Q0.6）失电，机械手停止下降，开始执行抓紧动作，Q0.4 为 ON，进入 S0.4 步。机械手抓紧到位时，压力继电器 K 的动合触点闭合，I0.6 为 ON。进入 S0.4 步，此时，Q0.5 为 ON，机械手紧抓着物品上升。机械手上升到位时，上升限位开关 I0.2 为 ON，进入 S0.5 步，使 Q0.5 为 OFF，机械手停止上升。此时，Q0.2 为 ON，机械手执行右移动作。机械手右移到位时，右移限位开关 I0.4 为 ON，进入 S0.6 步，使 Q0.2 为 OFF，机械手停止右移。此时，Q0.6 为 ON，机械手执行下降动作。机械手下降到位时，下降极限开关 I0.3 为 ON，进入 S0.7 步，使 Q0.6 为 OFF，机械手停止下降。此时，Q0.4 被复位，机械手执行放松动作。并且启动定时器 T37。在 T37 的定时时间（2s）到时，机械手放松到位，进入 S1.0 步。此时，Q0.5 为 ON，机械手执行上升动作。机械手上升到位时，上升限位开关 I0.2 为 ON。进入 S1.1 步。使 Q0.5 为 OFF，机械手停止上升。此时，Q0.3 为 ON，机械手执行左移动作。

机械手左移到位时，左移限位开关 I0.5 为 ON。进入 S1.2 步，使 Q0.3 为 OFF，机械手停止左移。此时，机械手已回到原点，只要在此之前没有按停止按钮，再次将 Q0.1 置位，传送带 A 重新运行，等待物品检测信号 I0.7 的到来。

9.4.5　程序调试与运行

（1）建立 PLC 与上位机的通信联系，将程序下载到 PLC。

（2）运行程序。单击工具栏运行图标▶，运行程序。可单击监控图标📷进入监控状态，观察程序运行结果。可以使用强制功能，进行脱机调试。

（3）操作控制按钮，观察运行结果。

（4）分析程序运行结果，编写相关技术文件。

9.5　任务评价

工业机械手 PLC 控制程序设计能力与模拟调试能力评价标准如表 9-3 所示。评价的方式可以教师评价、也可以自评或者互评。

表 9-3　工业机械手 PLC 控制任务评价表

序号	主要内容	考核要求	评分标准	配分	扣分	得分
1	电路及程序设计	①根据控制要求，列出 PLC 输入/输出（I/O）口元器件的地址分配表和设计 PLC 输入/输出（I/O）口的接线图 ②根据控制要求设计 PLC 梯形图程序和对应的指令表程序	①PLC 输入/输出（I/O）地址遗漏或搞错，每处扣 5 分 ②PLC 输入/输出（I/O）接线图设计不全或设计有错，每处扣 5 分 ③梯形图表达不正确或画法不规范，每处扣 5 分 ④接线图表达不正确或画法不规范，每处扣 5 分 ⑤PLC 指令程序有错，每条扣 5 分	40		
2	程序输入及调试	①熟练操作 PLC 键盘，能正确地将所编写的程序输入 PLC ②按照被控设备的动作要求进行模拟调试，达到设计要求	①不会熟练操作 PLC 键盘输入指令，扣 10 分 ②不会用删除、插入、修改等命令，每次扣 10 分 ③缺少功能每项扣 25 分	30		

（续表）

序号	主要内容	考核要求	评分标准	配分	扣分	得分
3	通电试车	在保证人身和设备安全的前提下，通电试车成功	①第一次试车不成功扣 10 分 ②第二次试车不成功扣 20 分 ③第三次试车不成功扣 30 分	30		
4	安全文明生产	①严格按照用电的安全操作规程进行操作 ②严格遵守设备的安全操作规程进行操作 ③遵守 6S 管理守则	①违反用电的安全操作规程进行操作，酌情扣 5～40 分 ②违反设备的安全操作规程进行操作，酌情扣 5～40 分 ③违反 6S 管理守则，酌情扣 1～5 分	倒扣		
备注	除了定额时间外，各项内容的最高分不应超过配分数；每超时 5 min 扣 5 分		合计	100		

定额时间	120 min	开始时间		结束时间		考评员签字		年　月　日

9.6　知识与能力拓展

9.6.1　知识拓展

1. PLC 程序设计常用的方法

PLC 程序设计常用的方法主要有经验设计法、继电器控制电路转换为梯形图法、逻辑设计法、顺序控制设计法等。

（1）经验设计法。经验设计法即在一些典型的控制电路程序的基础上，根据被控制对象的具体要求，进行选择组合，并多次反复调试和修改梯形图，有时需增加一些辅助触点和中间编程环节，才能达到控制要求。这种方法没有规律可遵循，设计所用的时间和设计质量与设计者的经验有很大的关系，所以称为经验设计法。经验设计法用于较简单的梯形图设计。应用经验设计法必须熟记一些典型的控制电路，如起保停电路、脉冲发生电路等。

（2）继电器控制电路转换为梯形图法。继电器接触器控制系统经过长期的使用，已有一套能完成系统要求的控制功能并经过验证的控制电路图，而 PLC 控制的梯形图和继电器接触器控制电路图很相似，因此可以直接将经过验证的继电器接触器控制电路图转换成梯形图。主要步骤如下：

①熟悉现有的继电器控制线路。

②对照 PLC 的 I/O 端子接线图，将继电器电路图上的被控器件（如接触器线圈、指示灯、电磁阀等）换成接线图上对应的输出点的编号，将电路图上的输入装置（如传感器、按钮开关、行程开关等）触点都换成对应的输入点的编号。

③将继电器电路图中的中间继电器、定时器，用 PLC 的辅助继电器、定时器来代替。

④画出全部梯形图，并予以简化和修改。

这种方法对简单的控制系统是可行的，比较方便，但不适用较复杂的控制电路。

（3）逻辑流程图设计法。逻辑流程图法是用逻辑框图表示 PLC 程序的执行过程，反应输入与输出的关系。逻辑流程图法是把系统的工艺流程，用逻辑方框图表示出来形成系统。用这种方法编制的 PLC 控制程序，其逻辑思路清晰，输入与输出的因果关系与连锁条件明确。逻辑流程图会使整个控制脉络清晰，便于分析控制程序、查找故障点，调试与修改程序。有时对一个复杂的程序，直接用语句表或梯形图编程可能觉得比较困难，可以先画出逻辑流程图、再将逻辑流程图的各部分用语句表或梯形图编制成 PLC 应用程序。

（4）顺序设计法。根据功能流程图，以步为核心，从起始步开始一步一步地设计下去，直至完成。此法的关键是画出功能流程图。首先将被控制对象的工作过程按输出状态的变化分为若干步，并指出工步之间的转换条件和每个工步的控制对象。这种工艺流程图集中了工作的全部信息。在进行程序设计时，可以用中间继电器 M 来记忆工步，一步一步地顺序进行，也可以用顺序控制指令来实现。

2. 逻辑设计法的简单应用

四台电动机的顺序起停 PLC 控制：四台电机 M1、M2、M3、M4，要求按下启动按钮后，四台电机按照 M1－M2－M3－M4 依次间隔 30 s 顺序起动；按下停止按钮后，四台电机按照 M1－M2－M3－M4 依次间隔 10 s 顺序停止。

根据四台电机的顺序起停 PLC 控制要求绘出逻辑流程图如图 9-25 所示。

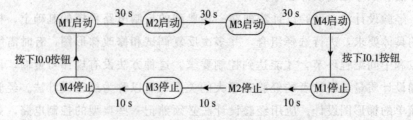

图 9-25　四台电机的顺序起停 PLC 控制流程图

根据流程图编写的梯形图如图 9-26 所示，其中 Q0.0、Q0.、1Q0.2、Q0.3 分别驱动电动机 M1、M2、M3、M4 的起停。

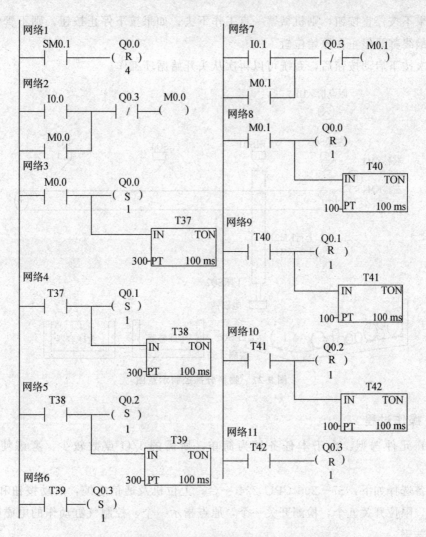

图 9-26 四台电机的顺序起停 PLC 控制梯形图

9.6.2 能力拓展

1. 控制要求

物料分拣装置如图 9-27 所示。当机械臂处于原始位置时，即上限位开关 SQ1 和左限位开关 SQ3 压下，抓球，电磁铁处于失电状态，这时按下起动按钮后，机械臂下行，当碰到下限位开关 SQ2 后停止下行，且电磁铁得电吸球。

如果吸住的是小球，则大小球检测开关 SQ 为 ON；如果吸住的是大球，则 SQ 为 OFF。1 s 后，机械臂上行，碰到上限位开关 SQ1 后右行，它会根据大小球的不同，分别在 SQ4（小球）和 SQ5（大球）处停止右行，然后下行到下限位停止，电磁铁失电，机械臂把球放在小球或大球箱里，1 s 后返回。

如果不按停止按钮，则机械臂一直工作下去；如果按下停止按钮，则不管何时按，机械臂最终都要停止在原始位置。

再次按下启动按钮后，系统可以再次从头开始循环工作。

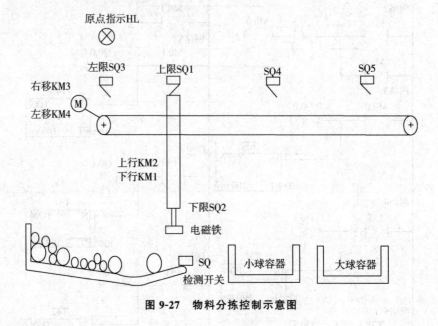

图 9-27 物料分拣控制示意图

2. 操作过程

（1）元件选型：由于本任务较为简单，所需的 I/O 点数较少，考虑使用小型的 PLC。

设备选择如下：S7-200 CPU 224 一台，上位机及通信电缆，启动按钮和停止按钮一个，限位开关五个，检测开关一个，原点指示一个，控制气缸动作的电磁阀五个，连接线若干。

（2）列出控制系统 I/O 地址分配表，绘制 I/O 接口线路图。根据线路图连接硬件系统。

（3）根据控制要求，设计梯形图程序。

（4）编写、调试程序。

（5）运行控制系统。

（6）汇总整理文档，保留工程资料。

9.7 思考与练习

1. 液体混合控制：按下启动按钮，打开电磁阀 YV1 注入液体 A，到达中间液位 SL2 后 YV1 关闭，YV2 打开注入液体 B，到达上液位 SL1 后关闭 YV2；然后启动搅拌马达 M，运行 10s 后，打开排液电磁阀 YV3，液体降低到下液位 SL3 后延时 15s 再关闭 YV3。按下停止按钮后，当前操作周期完成后，才停止操作，回到初始状态。

2. 自动门控制系统的动作如下：人靠近自动门时，感应器 I0.0 为 ON，Q0.0 驱动电动机高速开门，碰到开门减速开关 I0.1 时，变为低速开门。碰到开门极限开关 I0.2 时电动机停转，开始延时。若在 0.5 s 内感应器检测到无人，Q0.2 起动电动机高速关门。碰到关门减速开关 I0.4 时，改为低速关门，碰到关门极限开关 I0.5 时电动机停转。在关门期间若感应器检测到有人，停止关门，T38 延时 0.5 s 后自动转换为高速开门。

3. 某专用钻床用两只钻头同时钻两个孔。操作人员放好工件后，按下起动按钮 I0.0，工件被夹紧后两只钻头同时开始工作，钻到由限位开关 I0.2 和 I0.4 设定的深度时分别上行，回到由限位开关 I0.3 和 I0.5 设定的起始位置时停止上行。两个都到位后，工件被松开，松开到位后，加工结束，系统返回初始状态。

4. 一台专用铣床，用来加工圆盘状工件，该工件上均匀分布了 6 个孔（3 个大孔，3 个小孔），如图 9-27 所示。在进入自动运行之前，两个钻头在上面，限位开关 I0.3，I0.5 为 ON 状态；系统处于初始步；减计数器 C0 的设定值 3 被送入计数器。操作人员放好工件后，按下启动按钮 I0.0，接着 Q0.0＝ON，机件被夹紧；夹紧到位后 I0.1＝ON。接着 Q0.1＝ON，Q0.3＝ON，带动两个钻头向下移动开始钻孔。当 I0.2＝ON 时，代表大孔已经钻好，这时 Q0.1＝OFF，Q0.2＝ON 大钻头返回；同样，当 I0.4＝ON 时，代表小孔已经钻好，这时 Q0.3＝OFF，Q0.4＝ON，小钻头返回。接着工件台旋转 120°，I0.6＝ON，代表旋转完成。重复钻孔 2 次时，计数器 C0 的状态位＝OFF，表示 6 个孔已加工完毕。Q0.6＝ON，工件松开，I0.7＝ON，本次加工完成。

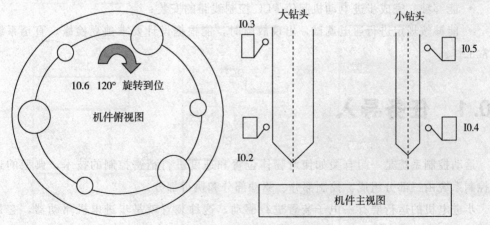

图 9-28 圆盘状工件示意图

项目 10
步进电机起停的 PLC 控制

知识目标

- 了解步进电机的转速与脉冲个数的对应关系；
- 熟悉 S7－200 系列 PLC 的结构和外部 I/O 接线方法；
- 熟悉 STEP 7－Micro/WIN32 V4.0SP6 编程软件的使用方法；
- 熟悉步进电动机起停 PLC 控制工作原理和程序设计方法；
- 掌握高速计数器指令与高速脉冲输出指令的功能及应用编程。

能力目标

- 练习高速计数器指令与高速脉冲输出指令的基本使用方法，能够正确编制步进电动机起停 PLC 控制程序；
- 能够独立完成步进电动机起停 PLC 控制线路的安装；
- 能够按规定进行通电调试，出现故障时，能根据设计要求独立检修，直至系统正常工作。

10.1 任务导入

运动控制系统是一门有关如何对物体位置和速度进行精密控制的技术，典型的运动控制系统由三部分组成：控制部分、驱动部分和执行部分。

步进电机的运行要有一电子装置进行驱动，这种装置就是步进电机驱动器，它是把控制系统发出的脉冲信号，加以放大以驱动步进电机。步进电机的转速与脉冲信号的频率成正比，控制步进电机脉冲信号的频率，可以对电机精确调速；控制步进脉冲的个数，可以对电机精确定位。

用 S7－200 PLC 控制步进电机小车能自动往返运行。要求按下停止按钮或碰到左右极限开关，小车自动停止。步进电机控制的运动小车如图 10-1 所示。

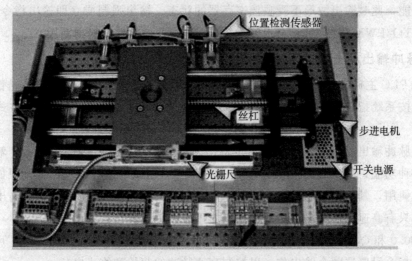

图 10-1　步进电机控制的运动小车

10.2　任务分析

系统小车位置控制由丝杠、运动托盘、步进电机、两个位置传感器等组成。运动托盘由步进电机通过丝杠传动。位置检测传感器可检测到运动托盘位置时检测到一个开关信号。把步进电机驱动器的 D2 设置为 OFF，即 PU 为步进脉冲信号，DR 为方向控制信号。PLC 的 Q0.0 输出高速脉冲至步进电机驱动器的 PU 端，Q0.1 控制步进电机反转。

根据控制要求采用 PLC 的 PTO 指令进行程序设计，本任务主要应用 PLS 指令。

10.3　知识链接

10.3.1　S7－200PLC 的高速脉冲输出指令

S7－200PLC 的每个 CPU 有两个 PTO/PWM（脉冲列/脉冲宽度调制器）发生器，分别通过数字量输出点 Q0.0 或 Q0.1 输出高速脉冲列或脉冲宽度可调的波形。脉冲输出指令检查为脉冲输出（Q0.0 或 Q0.1）设置的特殊存储器为（SM），然后启动由特殊存储器位定义的脉冲操作。指令的操作数 Q＝0 或 1，用于指定是 Q0.0 或 Q0.1 输出。

PTO/PWM 发生器与输出映像寄存器共同使用 Q0.0 及 Q0.1。当 Q0.0 或 Q0.1 被设置为 PTO 或 PWM 功能时，PTO/PWM 发生器控制输出，在该输出点禁止使用数字输出功能，此时输出波形不受映像寄存器的状态、输出强制或立即输出指令的影响。不使用 PTO/PWM 发生器时，Q0.0 与 Q0.1 作为普通的数字输出使用。

1. 脉冲输出端子的确定

每种 PLC 主机最多可提供 2 个高速脉冲输出端。高速脉冲的输出端不是任意选择的，必须按系统指定的输出点 Q0.0 和 Q0.1 来选择，也可以是以上两种方式的任意组合。

高速脉冲输出点包括在一般数字量输出映像寄存器编号范围内。同一个输出点只能用做一种功能，如果 Q0.0 和 Q0.1 在程序执行时用做高速脉冲输出，则只能被高速脉冲输出使用，其通用功能被自动禁止，任何输出刷新、输出强制、立即输出等指令都无效。只有高速脉冲输出不用的输出点才可能做普通数字量输出点使用。

在 Q0.0 和 Q0.1 编程时用做高速脉冲输出，但未执行脉冲输出指令时，可以用普通位操作指令设置这两个输出位，以控制高速脉冲的起始和终止电位。

2. 脉冲输出指令 (PLS)

检测用程序设置的特殊存储器位，然后激活由控制位定义的脉冲操作，从 Q0.0 或 Q0.1 输出高速脉冲。高速脉冲串输出 PTO 和宽度可调脉冲输出 PWM 都由 PLS 指令激活输出。

数据类型：输入数据 Q 属字型，必须是 0 或 1 的常数。指令格式如图 10-2 所示。

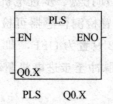

图 10-2　脉冲输出指令格式

3. 用于脉冲输出 (Q0.0 或 Q0.1) 的特殊存储器

每个高速脉冲发生器对应一定数量的特殊寄存器，这些寄存器包括控制字节寄存器、状态字节寄存器和参数数值寄存器。PLS 指令从 PTO/PWM 控制寄存器中读取数据，使程序按控制寄存器中的值控制 PTO/PWM 发生器，以控制高速脉冲的输出形式，反映输出状态和参数值。

（1）状态字节。用于 PTO 方式。每个高速脉冲输出都有一个状态字节，程序运行时根据运行状态使某些位自动置位。可以通过程序来读取相关位的状态，用此状态作为判断条件实现相应的操作。

（2）控制字节。每个高速脉冲输出都对应一个控制字节，通过对控制字节指定位的编程，设置字节中各控制位，如脉冲输出允许、PTO/PWM 模式选择、PTO 单段选择、更新方式选择、时间基准和允许更新等。

特殊寄存器中各控制位的功能如表 10-1 所示。

表 10-1　脉冲输出（Q0.0 或 Q0.1）的特殊存储器

	Q0.0	Q0.1	功能描述
状态字节	SM66.4	SM76.4	PTO 包络由于增量计算错误而终止　0＝无错误；1＝有错误
	SM66.5	SM76.5	PTO 包络由于用户命令而终止　0＝不终止；1＝终止
	SM66.6	SM76.6	PTO 管线溢出　0＝无溢出；1＝有溢出
	SM66.7	SM76.7	PTO 空闲　0＝执行中；1＝PTO 空闲
控制字节	SM67.0	SM77.0	PTO/PWM 更新周期值　0＝不更新；1＝更新周期值
	SM67.1	SM77.1	PWM 更新脉冲宽度值　0＝不更新；1＝更新脉冲宽度值
	SM67.2	SM77.2	PTO 更新脉冲数　0＝不更新；1＝更新脉冲数
	SM67.3	SM77.3	PTO/PWM 时间基准选择　0＝1s；1＝1ms
	SM67.4	SM77.4	PWM 更新方法　0＝异步更新；1＝同步更新
	SM67.5	SM77.5	PTO 操作　0＝单段操作；1＝多段操作
	SM67.6	SM77.6	PTO/PWM 模式选择　0＝选择 PTO；1＝选择 PWM
	SM67.7	SM77.7	PTO/PWM 允许　0＝禁止 PTO/PWM；1＝允许 PTO/PWM
其他寄存器	SMW68	SMW78	PTO/PWM 周期值（范围：2～65 535）
	SMW70	SMW80	PTO/PWM 脉冲宽度值（范围：0～65 535）
	SMD72	SMD82	PTO 脉冲计数值（范围：1～4 294 967 295）
	SMW166	SMW176	操作中的段数（仅用在多段 PTO 操作中）
	SMW168	SMW178	包络表的起始位置，用从 V0 开始的字节偏移量表示（仅用在多段 PTO 操作中）

4. PTO 操作

高速脉冲串输出 PTO，提供指定脉冲数和周期的方波（50%占空比）脉冲串。状态字节中的最高位用来指示脉冲输出是否完成。在脉冲串输出完成的同时可以产生中断，因而可以调用中断程序完成指定操作。

（1）周期、脉冲数及脉冲序列的完成。

（1）周期范围。周期以微秒或毫秒为单位。周期的范围是 50～65 535，或 2～65 535。如果设定的周期是奇数，会引起占空比的一些失真。

（2）脉冲数范围。脉冲用双字无符号数表示，脉冲数取值范围是 1～4 294 967 295 之间。如果编程时指定脉冲数为 0，就把脉冲数默认为 1 个脉冲。

（3）脉冲序列的完成。状态字节中的 PTO 空闲位（SM66.7 或 SM76.7）为 1 时，则指示脉冲串输出完成。可根据脉冲串输出的完成调用中断程序。

（2）种类与特点。若要输出多个脉冲串，PTO 功能允许脉冲串的排队，形成管线。

当激活的脉冲串输出完成后，立即开始输出新的脉冲串。这保证了脉冲串输出的连续性。

PTO 发生器有单段管线和多段管线两种模式。

①单段管线模式。单段管线中，只能存放一个脉冲串的控制参数。一旦启动了PTO 起始段，就必须立即为下一个脉冲更新控制寄存器，并再次执行 PLS 指令。第二个脉冲串的属性在管线一直保持到第一个脉冲串发送完成，紧接着就输出第二个脉冲串。重复上述过程可输出多个脉冲串。单段管线编程较复杂。

如果时间基准变化或在用 PLS 指令捕捉到新脉冲前，启动的脉冲已经发送完毕，则在脉冲串之间会出现不平滑转换。

当管线满时，如果试图装入另一个脉冲串的控制参数，状态寄存器中的 PTO 溢出位（SM66.6 或 6SM76.6）将置位。在检测到溢出后，必须手动清除这个位，以便恢复检测功能。PLC 进入 RUN 方式时，这个位初始化为 0。

②多段管线模式。多段管线中，CPU 在变量（V）存储区建立一个包络表。包络表存储各个脉冲串的控制参数多段管线用 PLS 指令启动。执行指令时，包络表内容不可改变。

在包络表中周期增量可以选择微秒或毫秒，但在同一个包络表中的所有周期值必须使用同一个时间基准，而且当多段管线执行时，包络表的各段参数不能改变。包络表由包络段数和各段参数构成，包络表的格式如表 10-2 所示。

表 10-2　3 段包络表格式

从包络表开始的字节偏移地址	包络段号	描述
VBn	段标号	段数，为 1～255，数 0 将产生非致命性错误，不产生 PTO 输出
VBn+1		初始周期，取值范围为 2～65 535
VBn+3	段 1	每个脉冲的周期增量，符号整数，取值范围为 −32 768～+32 767
VBn+5		输出脉冲数（1～4 294 967 295）
VBn+9		初始周期，取值范围为 2～65 535
VBn+11	段 2	每个脉冲的周期增量，符号整数，取值范围为 −32 768～+32 767
VBn+13		输出脉冲数（1～4 294 967 295）
VBn+17		初始周期，取值范围为 2～65535
VBn+19	段 3	每个脉冲的周期增量，符号整数，取值范围为 −32768～+32767
VBn+21		输出脉冲数（1～4294967295）

包络表每段的长度是 8 个字节，由周期值（16b）、周期增量值（16b）、和脉冲记数值（32b）组成。8 个字节的参数表征了脉冲串的特性，多段 PTO 操作的特点是按照每个脉的个数自动增减周期。周期增量区的值为正值，则增加周期；负值，则减少周

期；0 值则周期不变。除周期增量为 0 外，每个输出脉冲的周期值都发生着变化。

如果在输出若干个脉冲后的指定的周期增量值导致非法周期值，会产生溢出错误，SM66.6 或 SM76.6 被置 1，同时停止 PTO 功能，PLC 的输出变为通用功能。另外，状态字节中的增量计算误位（SM66.4 或 SM76.4）被置为 1。

如果要人为地终止一个正进行中的 PTO 包络，只需要把状态字节中的用户终止位（SM66.5 或 SM76.5）置为 1。

5. PWM 操作

PWM 功能提供占空比可调的脉冲输出序列，通过控制脉冲宽度和脉冲的周期实现控制任务，时间基准为 μs 或 ms。

（1）周期、脉冲数及脉冲序列的完成。

①周期范围。周期的变化范围为 $10 \sim 65\,535\ \mu s$ 或 $2 \sim 65\,535$ ms 之间。如果指定的周期小于两个单位时间，周期被默认为两个单位时间。

②脉冲宽度时间范围。脉冲宽度时间范围在 $0 \sim 65\,535\ \mu s$ 或 $0 \sim 65\,535$ ms 之间。当脉冲宽度指定数值大于或等于周期数值时，波形的占空比为 100%，输出被连续打开；当脉冲宽度为 0 时，波形的占空比为 0，输出被关闭。

（2）波形改变方法。

①同步更新。如果不要求改变时间基准（周期），则即可以进行同步更新。进行同步更新时，波形特征的变化发生在周期边缘，提供平滑转换。

②异步更新。PWM 的典型操作是脉冲宽度变化但周期保持不变，因此不要求改变时间基准。如果需要改变 PWM 发生器的时间基准，则应使用异步更新。异步更新瞬时关闭 PWM 发生器，与 PWM 的输出波形不同步，可能引起被控设备的抖动。因此建议选择一个适用于所以周期时间的时间基准，使用同步 PWM 更新。

控制字节中的"PWM 更新方式位"（SM67.4 或 SM77.4）用来指定更新类型，执行 PLS 指令使改变生效。如果改变了时间基准，不管 PWM 更新方式位的状态如何，都会产生一个异步更新。

6. 高速脉冲输出指令的应用

（1）PTO 输出 PLC 控制。运行控制过程中，要从 A 点加速到 B 点后恒速运行，又从 C 点开始减速到 D 点，完成这一过程后用指示灯显示。电机的转速受脉冲控制，A 点和 D 点的脉冲频率为 2 kHz，B 点和 C 点的频率为 10 kHz，加速过程 AB 的脉冲数为 400 个，恒速转动 BC 的脉冲数为 5 000 个，减速过程脉冲数为 400 个，工作过程如图 10-3 所示。

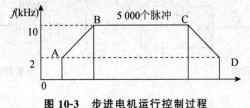

图 10-3 步进电机运行控制过程

根据任务要求，PLC 需要输出一定数量的多串脉冲来控制步进电动机运行，可以采用高速脉冲发生器 Q0.0，并且确定 PTO 为三段脉冲管线（即图 11-3 中 AB 段、BC 段与 CD 段）。

①三段 PT0 脉冲序列。如图 11-3 所示，三段 PTO 脉冲序列分别为：A－B 阶段，约 400 个脉冲，其初始频率为 2 kHz，周期为 500 μs，最终频率为 10 kHz，周期为 100 μs；B－C 阶段，约 5000 个脉冲，其初始与最终频率均为 10 kHz，周期为 100 us；C－D 阶段，约 400 个脉冲，其初始频率为 10 kHz，周期为 100 μs，最终频率为 2 kHz，周期为 500 μs。

②脉冲的周期增量 Δ。设每段最终脉冲周期为 Tf，初始周期为 Ti，每个脉冲的周期增量为 Δ，脉冲数为 P，脉冲的周期增量可以表示为 $\Delta=$（Tf－Ti）/P，则三段 PTO 脉冲序列的脉冲周期增量 Δ 分别为－1 μs、0 μs 和 1 μs。

③PTO 控制包络表。设包络表的表地址为 VB200，则建立的 PTO 控制包络表如表 10-3 所示。

表 10-3　包络表

V 变量存储器地址	段号	参数值	说明
VB200		3	段数
VB201		500 μs	初始周期
VB203	段 1	－1 μs	每个脉冲的周期增量 Δ
VB205		400	脉冲数
VB209		100 μs	初始周期
VB211	段 2	0	每个脉冲的周期增量 Δ
VB213		5 000	脉冲数
VB217		100 μs	初始周期
VB219	段 3	1 μs	每个脉冲的周期增量 Δ
VB221		400	脉冲数

本例题的主程序，初始化子程序，和中断程序如图 10-4 所示。

主程序　　　　　　　　　　　　　　　　　中断程序 INT－0

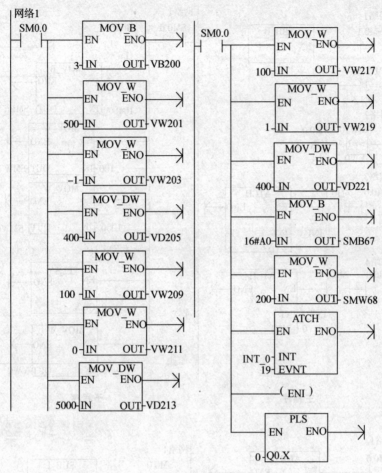

子程序

图 10-4　主程序、初始化子程序、和中断程序

（2）PWM 应用举例。设计程序，从 PLC 的 Q0.0 输出高速脉冲。该串脉冲脉宽的初始值为 0.1 s，周期固定为 1 s，其脉宽每周期递增 0.1 s，当脉宽达到设定的 0.9 s 时，脉宽改为每周期递减 0.1 s，直到脉宽减为 0。以上过程重复执行。

分析：因为每个周期都有操作，所以须把 Q0.0 接到 I0.0，采用输入中断的方法完成控制任务，并且编写两个中断程序，一个中断程序实现脉宽递增，一个中断程序实现脉宽递减，并设置标志位，在初始化操作时使其置位，执行脉宽递增中断程序，当脉宽达到 0.9 s 时，使其复位，执行脉宽递减中断程序。在子程序中完成 PWM 的初始化操作，选用输出端为 Q0.0，控制字节为 SMB67，控制字节设定为 16♯DA（允许 PWM 输出，Q0.0 为 PWM 方式，同步更新，时基为 ms，允许更新脉宽，不允许更新周期）。程序如图 10-5 所示。

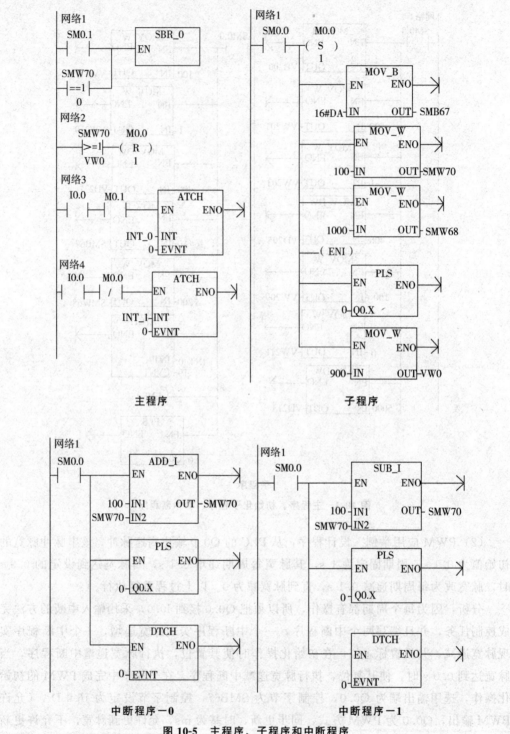

图 10-5 主程序、子程序和中断程序

10.3.2　步进电机

1. 步进电机工作原理、控制特点与选型

（1）步进电机工作原理。步进电机是将电脉冲信号转变为角位移或线位移的开环控制元件。在非超载的情况下，电机的转速、停止的位置只取决于脉冲信号的频率和脉冲数，而不受负载变化的影响，即给电机加一个脉冲信号，电机则转过一个步距角。使用步进电机涉及到机械、电机、电子及计算机等许多专业知识。

步进电机是由一组缠绕在电机固定部件——定子齿槽上的线圈驱动的。通常情况下，一根绕成圈状的金属丝叫做螺线管，而在电机中，绕在齿上的金属丝则叫做绕组、线圈、或相。

感应子式步进电机与传统的反应式步进电机相比，结构上转子加有永磁体，以提供软磁材料的工作点，而定子激磁只需提供变化的磁场而不必提供磁材料工作点的耗能，因此该电机效率高，电流小，发热低。因永磁体的存在，该电机具有较强的反电势，其自身阻尼作用比较好，使其在运转过程中比较平稳、噪音低、低频振动小。

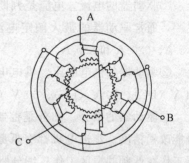

图 10-6　三相反应式步进电机结构图

三相反应式步进电机的结构如图 10-6 所示。定子、转子是用硅钢片或其他软磁材料制成的。定子的每对极上都绕有一对绕组，构成一相绕组，共三相，称为 A、B、C 三相。

在定子磁极和转子上都开有齿分度相同的小齿，采用适当的齿数配合，当 A 相磁极的小齿与转子小齿一一对应时，B 相磁极的小齿与转子小齿相互错开 1/3 齿距，C 相则错开 2/3 齿距，如图 10-7 所示。A 相绕组与齿 1.5 一一对应，而此时 B 相绕组与齿 2 错开 1/3 齿距，而与齿 3 错开 2/3 齿距，C 相绕组与齿 3 错开 2/3 齿距，而与齿 4 错开 1/3 齿距。电机的位置和速度由绕组通电次数（脉冲数）和频率成一一对应关系。而方向由绕组通电的顺序决定。

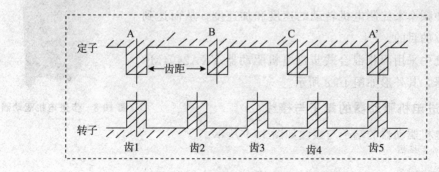

图 10-7　三相反应式步进电机原理图

（2）步进电机的控制特点。

①步进电机必须加驱动才可以运转，驱动型号必须为脉冲信号，没有脉冲的时候，步进电机静止，如果加入适当的脉冲信号，就会以一定的角度（称为步角）转动。转动的速度和脉冲的频率成正比，即步进电机具有变频特性。

②步进电机具有瞬间启动和急速停止的优越特性。

③改变脉冲的顺序，可以方便的改变转动方向。

④步进电机低速时可以正常运转，但若高于一定速度就无法启动，并伴有啸叫声。如果要使电机达到高速转动，脉冲频率应该有加速过程，即启动频率较低，然后按一定加速度升到所希望的高频（电机转速从低速升到高速）。

（3）步进电机的选型。

①驱动器的电流。电流是判断驱动器能力大小的依据，是选择驱动器的重要指标之一，通常驱动器的最大额定电流要略大于电机的额定电流，通常驱动器有 2.0 A、3.5 A、6.0 A 和 8.0 A。

②驱动器的供电电压。供电电压是判断驱动器升速能力的标志，常规电压供给有24 V（DC）、40 V（DC）、60 V（DC）、80 V（DC）、110 V（AC）、220 V（AC）等。

③驱动器的细分。细分是控制精度的标志，通过增大细分能改善精度。步进电机都有低频振荡的特点，如果电机需要工作在低频共振区工作，细分驱动器是很好的选择。此外，细分和不细分相比，输出转矩对各种电机都有不同程度的提升。

2. 步进电机驱动器

步进电机驱动器是一种将电脉冲转化为角位移的执行机构。当步进驱动器接收到一个脉冲信号，它就驱动步进电机按设定的方向转动一个固定的角度（称为"步距角"），它的旋转是以固定的角度一步一步运行的。可以通过控制脉冲个数来控制角位移量，从而达到准确定位的目的；同时可以通过控制脉冲频率来控制电机转动的速度和加速度，从而达到调速和定位的目的。

本系统中采用两相混合式步进电机驱动器 YKA2404MC 细分驱动器，其外形如图 10-8 所示。

3. 步进电机驱动器的端子与接线

步进电机驱动器的端子与接线如图 10-9 所示。

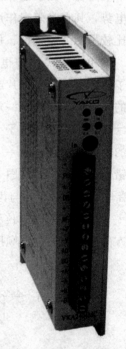

图 10-8　步进电机驱动器

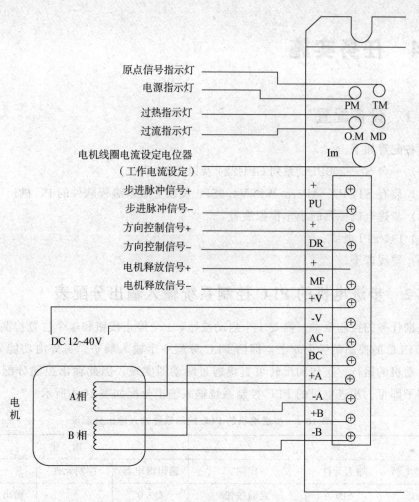

图 10-9　步进电机驱动器的端子与接线

4. 步进电机驱动器的细分设定

YKA2404MC 步进电机驱动器共有 6 个细分设定开关，如图 10-10 所示。

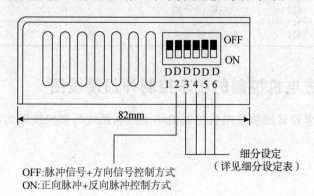

图 10-10　步进电机驱动器的细分设定

10.4　任务实施

10.4.1　设备配置

设备配置如下。

（1）一台 S7－200PLC 系列 CPU224 及以上 PLC。

（2）装有 STEP7－Micro/WINV4.0SP6 及以上版本编程软件的 PC 机。

（3）步进电机控制的小车模拟装置。

（4）PC/PPI 电缆。

（5）导线若干。

10.4.2　步进电机的 PLC 控制系统输入输出分配表

根据任务的控制要求，需要 1 个启动按钮，1 个停止按钮和 4 个位置检测开关，所以输入 PLC 的控制信号为 6 个，即给 PLC 分配 6 个输入端子。另外由功能分析可知，控制电动机的运行、正转和反转可直接通过驱动器实现，因此输出控制分配 2 个 PLC 输出端子即可。步进电机的 PLC 控制系统输入输出分配如表 10-4 所示。

表 10-4　步进电机的 PLC 控制系统输入输出分配表

输　入			输　出		
输入继电器	输入元件	作用	输出继电器	控制元件	作用
I0.0	SB1	启动按钮	Q0.0		输出高速脉冲
I0.1	SB2	停止按钮	Q0.1		控制运动方向
I0.2	SQ1	左侧返回检测开关			
I0.3	SQ2	右侧返回检测开关			
I0.4	SQ3	左限位开关			
I0.5	SQ4	右限位开关			

10.4.3　步进电机控制的小车控制外部接线图

根据控制要求设计的步进电机控制的小车控制系统外部接线图如图 10-11 所示。

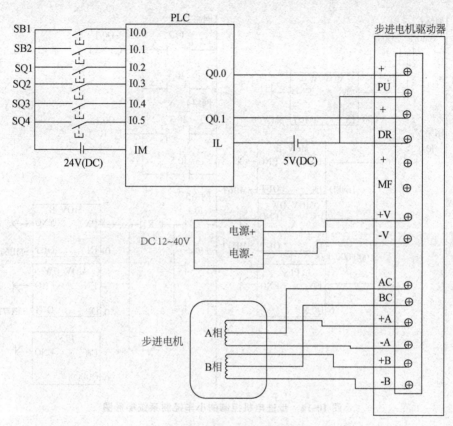

图 10-11 控制电路接线图

10.4.4 步进电机控制的小车控制系统符号表

步进电机控制的小车控制系统符号表如表 10-5 所示。

表 10-5 步进电机控制的小车控制系统符号表

			符号	地址	注释
1			启动按钮	I0.0	
2			停止按钮	I0.1	
3			左侧返回检测开关	I0.2	
4			右侧返回检测开关	I0.3	
5			左限位开关	I0.4	
6			右限位开关	I0.5	
7			输出高速脉冲	Q0.0	
8			控制运行方向	Q0.1	

10.4.5 步进电机控制的小车控制系统梯形图程序

采用 PTO 指令设计梯形图程序如图 10-12 所示。

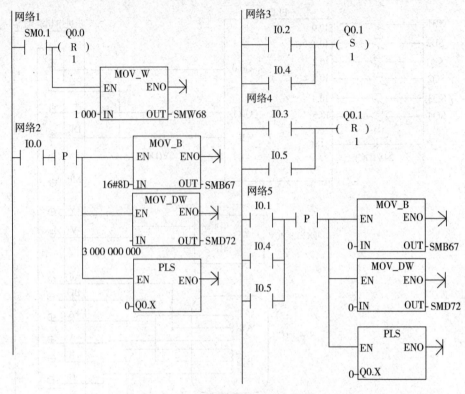

图 10-12　步进电机控制的小车控制系统梯形图

10.4.6　程序调试与运行

（1）建立 PLC 与上位机的通信联系，将程序下载到 PLC。

（2）运行程序。单击工具栏运行图标 ▶，运行程序。可单击监控图标 🔲 进入监控状态，观察程序运行结果。可以使用强制功能，进行脱机调试。

（3）操作控制按钮，观察运行结果。

（4）分析程序运行结果，编写相关技术文件。

10.5　任务评价

步进电机控制的小车控制系统程序设计能力与模拟调试能力评价标准如表 10-6 所示。评价的方式可以教师评价、也可以自评或者互评。

表 10-6 步进电机控制的小车控制系统任务评价表

序号	主要内容	考核要求	评分标准	配分	扣分	得分
1	电路及程序设计	①根据控制要求，列出 PLC 输入/输出 (I/O) 口元器件的地址分配表和设计 PLC 输入/输出 (I/O) 口的接线图 ②根据控制要求设计 PLC 梯形图程序和对应的指令表程序	①PLC 输入/输出 (I/O) 地址遗漏或搞错，每处扣 5 分 ②PLC 输入/输出 (I/O) 接线图设计不全或设计有错，每处扣 5 分 ③梯形图表达不正确或画法不规范，每处扣 5 分 ④接线图表达不正确或画法不规范，每处扣 5 分 ⑤PLC 指令程序有错，每条扣 5 分	40		
2	程序输入及调试	①熟练操作 PLC 键盘，能正确地将所编写的程序输入 PLC ②按照被控设备的动作要求进行模拟调试，达到设计要求	①不会熟练操作 PLC 键盘输入指令，扣 10 分 ②不会用删除、插入、修改等命令，每次扣 10 分 ③缺少功能每项扣 25 分	30		
3	通电试车	在保证人身和设备安全的前提下，通电试车成功	①第一次试车不成功扣 10 分 ②第二次试车不成功扣 20 分 ③第三次试车不成功扣 30 分	30		
4	安全文明生产	①严格按照用电的安全操作规程进行操作 ②严格遵守设备的安全操作规程进行操作 ③遵守 6S 管理守则	①违反用电的安全操作规程进行操作，酌情扣 5～40 分 ②违反设备的安全操作规程进行操作，酌情扣 5～40 分 ③违反 6S 管理守则，酌情扣 1～5 分	倒扣		
备注	除了定额时间外，各项内容的最高分不应超过配分数；每超时 5 min 扣 5 分		合计	100		

定额时间	120 min	开始时间		结束时间		考评员签字		年 月 日

10.6　知识和能力拓展

10.6.1　知识拓展

1. 高速计数器指令

前面讲的计数器指令的计数速度受扫描周期的影响，对比 CPU 扫描频率高的脉冲输入，就不能满足控制要求了。为此，SIMATIC S7-200 系列 PLC 设计了高速计数功能（HSC），其计数自动进行不受扫描周期的影响，最高计数频率取决于 CPU 的类型，CPU22x 系列最高计数频率为 30 kHz，用于捕捉比 CPU 扫描速更快的事件，并产生中断，执行中断程序，完成预定的操作。

高速计数器指令包含定义高速计数器（HDEF）指令和高速计数器（HSC）指令。高速计数器的时钟输入速率可达 10～30 kHz。

（1）定义高速计数器指令。

指令格式：LAD 及 STL 格式如图 10-13 所示。

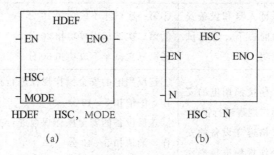

(a) 　　　　　　　　(b)

图 10-13　高速计数器指令

功能描述：为指定的高速计数器（HSCx）选定一种工作模式（有 12 种不同的工作模式）。使用 HDEF 指令可建立起高速计数器（HSCx）和工作模式之间的联系。在使用高速计数器之前必须使用 HDEF 指令来选定一种工作模式。对每一个高速计数器只能使用一次 HDEF 指令。

数据类型：HSC 表示高速计数器编号，为 0～5 的常数，属字节型；MODE 表示工作模式，为 0～11 的常数，属字节型。

（2）高速计数器指令。

指令格式：LAD 及 STL 格式如图 10-13（b）所示。

功能描述：根据高速计数器特殊存储器位的状态，并按照 HDEF 指令的工作模式，设置高速计数器并控制其工作。

数据类型：N 表示高速计数器编号，为 0～5 的常数，属字节型；MODE 表示工作模式，为 0～11 的常数，属字节型。

高速计数器装入预设置后，当前计数值小于当前预设置时计数器处于工作状态。当当前值等于预设置或外部复位信号有效时，可使计数器产生中断；除模式（0～2）外，计数方向的改变也可产生中断。可利用这些中断事件完成预定的操作。每当中断事件出现时，采用中断的方法在中断程序中装入预置值，从而使高速计数器进入新一轮的工作。

由于中断事件产生的速率远低于高速计数器的计数速率，用高速计数器可以实现精确的高速控制，而不会延长 PLC 的扫描周期。

2. 高速计数器的输入端

高速计数器的输入端不可任意选择，必须按系统指定的输入点输入信号。各高速计数器的计数脉冲、方向控制、复位和启动所指定的输入端如表 10-7 和表 10-8 所示。

表 10-7 HSC0，HSC3，HSC4，HSC5 的外部输入信号及工作模式

	HSC0			HSC3	HSC4			HSC5	模式
	I0.0	I0.1	I0.2	I0.1	I0.3	I0.4	I0.5	I0.4	
0	计数			计数	计数			计数	带有内部方向控制的单向计数器
1	计数		复位		计数		复位		
2	计数	方向			计数	方向			带有外部方向控制的单向计数器
3	计数	方向	复位		计数	方向	复位		
4	增计数	减计数			增计数	减计数			带有增减计数时钟的双向计数器方向控制
5	增计数	减计数	复位		增计数	减计数	复位		
6	A 相计数	B 相计数			A 相计数	B 相计数			A/B 相正交计数器
7	A 相计数	B 相计数	复位		A 相计数	B 相计数	复位		

表 10-8 HSC1，HSC2 的外部输入信号及工作模式

	HSC1				HSC2				
	I0.6	I0.7	I1.0	I1.1	I1.2	I1.3	I1.4	I1.5	
0	计数				计数				带有内部方向控制的单向计数器
1	计数		复位		计数		复位		
2	计数		复位	启动	计数		复位	启动	
3	计数	方向			计数	方向			带有外部方向控制的单向计数器
4	计数	方向	复位		计数	方向	复位		
5	计数	方向	复位	启动	计数	方向	复位	启动	

（续表）

	HSC1				HSC2				
6	增计数	减计数			增计数	减计数			带有增减计数时钟的双向计数器方向控制
7	增计数	减计数	复位		增计数	减计数	复位		
8	增计数	减计数	复位	启动	增计数	减计数	复位	启动	
9	A相计数	B相计数			A相计数	B相计数			A/B相正交计数器
10	A相计数	B相计数	复位		A相计数	B相计数	复位		
11	A相计数	B相计数	复位	启动	A相计数	B相计数	复位	启动	

边沿中断输入点指定为 I0.0～I0.3，与高速计数器指定的某些输入点是重叠的。使用时，同一输入端不能同时用于两个不同的功能。例如，HSC0 没有使用输入端 I0.1，那么该输入端（I0.1）可以用作 HSC3 的输入端或边沿中断输入端，而当 HSC0、HSC4 分别使用输入点 I0.1、I0.3，那么输入点 I0.1 和 I0.3 不能用作它用。

3. 高速计数器的工作模式

高速计数器的使用共有四种基本类型：带有内部方向控制的单向计数器，带有外部方向控制的单向计数器，带有两个时钟输入的双向计数器和 AB 相正交计数器。

每种高速计数器有多种工作模式，以完成不同的功能，高速计数器的工作模式与中断事件有密切关系。在使用一个高速计数器时，首先要使用 HDEF 指令给计数器设定一种工作模式。每一种 HSCx 的工作模式数量也不相同，HSC1 和 HSC2 最多可达 12 种，而 HSC3 和 HSC5 只有一种工作模式。

（1）内部方向控制的单向增/减计数器（模式 0～2），它没有外部控制方向的输入信号，由内部控制计数方向，只能作单向增或减计数，有一个计数输入端。

（2）外部方向控制的单向增/减计数器（模式 3～5），它由外部输入信号控制计数方向，只能作单向增或减计数，有一个计数输入端。

（3）有增/减计数脉冲输入的双向计数器（模式 6～8），它有两个计数脉冲输入端，只能作增计数输入端和减计数输入端。

（4）A/B 相正交计数器（模式 9～11），它有两个计数脉冲输入端；A 相计数脉冲输入端和 B 相计数脉冲输入端。A、B 相计数脉冲的相位差互为 90°。当 A 相计数脉冲超前 B 相计数脉冲时，计数器进行增计数，反之，进行减计数。在正交模式下，可选择 1 倍（1×）或 4 倍（4×）模式。

4. 高速计数器与特殊标志位存储器（SM）

特殊标志位存储器（SM）是用户程序与系统程序之间的界面，它为用户提供一些特殊的控制功能和系统信息，用户的特殊要求也可通过它通知系统。高速计数器指令使用过程中，利用相关的特殊存储位可对高速计数器实施状态监控、组态动态参数、设置预置值和当前值等操作。

（1）高速计数器的状态字节。每个高速计数器都有一个状态字节，其中某些位指出了当前计数方向，当前值是否等于预置值，当前值是否大于预置值。每个高速计数器的状态位的定义如表 10-9 所示。

表 10-9　高速计数器的状态字节

HSC0	HSC1	HSC2	HSC3	HSC4	HSC5	描述
SM36.0 ~ SM36.4	SM46.0 ~ SM46.4	SM56.0 ~ SM56.4	SM136.0 ~ SM136.4	SM146.0 ~ SM146.4	SM156.0 ~ SM156.4	不用
SM36.5	SM46.5	SM56.5	SM136.5	SM146.5	SM156.5	当前计数方向状态位：0＝减计数；1＝加计数
SM36.6	SM46.6	SM56.6	SM136.6	SM146.6	SM156.6	当前值等于预置值状态位：0＝不等；1＝等于
SM36.7	SM46.7	SM56.7	SM136.7	SM146.7	SM156.7	当前值是否大于预置值状态位：0＝小于；1＝大于

只有执行高速计数器的中断程序时，状态位才有效。监视高速计数器的状态的目的是使外部事件可产生中断，以完成重要的操作。

（2）高速计数器的控制字节。只有定义了高速计数器和计数器模式，才能对计数器的动态参数进行编程。

每个高速计数器都有一个控制字节，如表 10-10 所示。控制字节控制计数器的工作：设置复位与启动输入的有效状态、选择 1× 或 4× 计数倍率（只用于正交计数器）、初始化计数方向、允许更新计数方向（除模式 0、1.2 外）装入计数器预置值和当前值、允许或禁止计数。在执行 HDEF 指令前，必须设置好控制位。否则，计数器对计数模式的选择取缺省设置。缺省的设置为：复位输入和启动输入高电平有效、正交计数倍率是 4×（4 倍输入时钟频率）。一旦 HDEF 指令被执行，就不能再更改计数器的设置，除非先进入 STOP 方式。执行 HSC 指令时，CPU 检验控制字节及调用当前值、预置值。

表 10-10　高速计数器的控制字节

HSC0	HSC1	HSC2	HSC3	HSC4	HSC5	描述
SM37.0	SM47.0	SM57.0		SM147.0		复位有效电平控制位：0＝复位高电平有效；1＝复位低电平有效

（续表）

HSC0	HSC1	HSC2	HSC3	HSC4	HSC5	描述
—	SM47.1	SM57.1		—		启动有效电平控制位：0＝启动高电平有效；1＝启动低电平有效
SM37.2	SM47.2	SM57.2		SM147.2		正交计数器计数倍率选择：0＝4×计数数率；1＝1×计数数率
SM37.3	SM47.3	SM57.3	SM137.3	SM147.3	SM157.3	计数方向计数位：0＝减计数；1＝增计数
SM37.4	SM47.4	SM57.4	SM137.4	SM147.4	SM157.4	允许更新计数方向：0＝不更新；1＝更新计数方向
SM37.5	SM47.5	SM57.5	SM137.5	SM147.5	SM157.5	向 HSC 中写入预置值：0＝不更新；1＝更新预置值
SM37.6	SM47.6	SM57.6	SM137.6	SM147.6	SM157.6	向 HSC 中写入新的当前值：0＝不更新；1＝更新当前值
SM37.7	SM47.7	SM57.7	SM137.7	SM147.7	SM157.7	HSC 允许：0＝禁止 HSC；1＝允许 HSC

（3）当前值和预置值的设置。每个计数器都有一个当前值和一个预置值。当前值和预置值都是有符号双字整数。

为了向高速计数器装入新的当前值和预置值，必须先设置控制字节，并把当前值和预置值存入特殊存储器中，如表 10-11 所示，然后执行 HSC 指令，才能将新的值传送给高速计数器。用双字直接寻址可访问读出高速计数器的当前值，而写操作只能用 HSC 指令来实现。

表 10-11　HSC 的当前值和预置值

要装入的值	HSC0	HSC1	HSC2	HSC3	HSC4	HSC5
新当前值	SMD38	SMD48	SMD58	SMD138	SMD148	SMD1588
新预置值	SMD42	SMD52	SMD62	SMD142	SMD152	SMD162

5. 高速计数器指令应用

将 HSCl 定义为工作模式 11，控制字节（SMB47）＝（F8）16，预置值（SMD52）＝50，当前值（CV）等于预置值（PV），响应中断事件。可用中断事件 13 连接中断服务程序 INT＿0，并使用主程序调用。其实现程序段如图 10-14 所示。

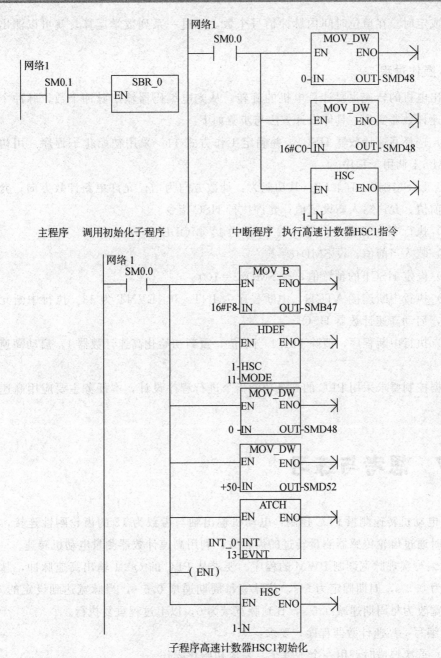

网络1

SM0.1　　　　SBR_0

主程序　调用初始化子程序

网络1

SM0.0　　　MOV_DW
　　　　　EN　ENO
　　　0 - IN　OUT - SMD48

MOV_DW
EN　ENO
16#C0 - IN　OUT - SMD48

HSC
EN　ENO
1 - N

中断程序　执行高速计数器HSC1指令

网络 1

SM0.0　　　MOV_B
　　　　　EN　ENO
　16#F8 - IN　OUT - SMB47

HDEF
EN　ENO
1 - HSC
11 - MODE

MOV_DW
EN　ENO
0 - IN　OUT - SMD48

MOV_DW
EN　ENO
+50 - IN　OUT - SMD52

ATCH
EN　ENO
INT_0 - INT
13 - EVNT

(ENI)

HSC
EN　ENO
1 - N

子程序高速计数器HSC1初始化

图 10-14　高速计数器指令应用程序

10.6.2　能力拓展

1. 控制要求

现在控制系统精度要求很高，主要是可以测量电动机的速度，从而实现电机闭环控制。电机的速度由安装在电机上的编码器采集脉冲信号测量电机的转速，利用时基中断完成定时。在单位时间内脉冲信号个数，经过一系列数学运算，就可以测出电机的转速。

2. 操作过程

测出电机的转速主要计算电机的旋转，从光电编码器输出脉冲个数，脉冲个数可以有高速计数器实现，具体设计方法与步骤如下。

（1）选择高速计数器 HSC1，并确定工作方式 11。采用初始化子程序，用初始化脉冲 SM0.1 调用子程序。

（2）设 SMB47＝16♯F8。其功能为：计数方向为增；允许更新计数方向；允许写入新当前值；允许写入新设定值；允许执行 HSC 指令。

（3）执行 HDEF 指令，输入端 HSC 为 1，MODE 为 11。

（4）装入当前值，设 SMD48＝0

（5）设定 HSC1 的预置值，令 SMD52＝100。

（6）执行中断连接 ATCH，中断程序为 INT＿0，EVNT 为 13。执行中断允许指令 ENI，启动高速计数器 HSC1。

（7）执行中断程序，清除 HSC1 当前值，重新初始化高速计数器 1，启动高速计数器 HSC1。

根据控制要求采用 PLC 的高级功能指令进行程序设计，本任务主要应用高速计数器指令。

10.7 思考与练习

1. 电动机转速测量 PLC 控制：电动机输出轴与齿数为 12 的齿轮刚性连接，电动机旋转时通过齿轮传感器测量转过的齿轮数，利用高速计数器测量电动机转速。

2. 编写实现脉宽调制 PWM 的程序。要求从 PLC 的 Q0.1 输出高速脉冲，脉宽的初始值为 0.5 s，周期固定为 5 s，其脉宽每周期递增 0.5 s，当脉宽达到设定的 4.5 s 时，脉宽改为每周期递减 0.5 s，直到脉宽减为 0，以上过程重复执行。

3. 编写一高速计数器程序，要求：

（1）首次扫描时调用一个子程序，完成初始化操作。

（2）用高速计数器 HSC1 实现加计数，当计数值＝200 时，将当前值清 0。

项目 11
水箱水位的 PLC 控制

知识目标

- 掌握 PID 指令的功能及应用编程；
- 熟悉 S7－200 系列 PLC 的结构和外部 I/O 接线方法；
- 熟悉 STEP 7－Micro/WIN32 V4.0 SP6 编程软件的使用方法；
- 熟悉水箱水位 PI＋C 控制工作原理和程序设计方法能力目标。

能力目标

- 练习 PID 指令的基本使用方法，能够正确编制水箱水位 PLC 控制程序；
- 能够独立完成水箱水位 PLC 控制线路的安装；
- 能够按规定进行通电调试，出现故障时，能根据设计要求独立检修，直至系统正常工作。

11.1 任务导入

水箱水位 PLC 控制：如图 11-1 所示，被控对象为保持一定压力的供水水箱，给定量为满水位的 75%，控制量为对水箱注水的调速电动机的速度，调节量是其水位（单极性信号），由水位计检测后经 A/D 转换送入 PLC，PLC 执行 PID 指令后以单极性信号经 D/A 转换送出，用于控制电动机的调速，使水箱实现恒定水位控制。

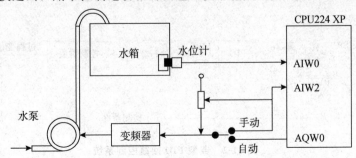

图 11-1 水箱水位 PLC 控制图

11.2　任务分析

本任务所处理的数据是水箱水位检测计检测到的水位变化所对应的连续变化值，以及控制变频器的连续变化的电量，这不同于以往的数字量。S7－200PLC 提供了对连续变化的模拟量的处理功能，PID 环路指令能够实现模拟量的闭环控制。

由于 S7－200 PLCCPU224 主机模块上只有数字输入/输出点，要完成模拟量的输入/输出必须扩展模拟输入/输出模块。本例使用 EM235 4AI/1AO 的模拟输入/输出模块。

S7－200 PLC 的模拟输入/输出模块内部附有 A/D 及 D/A 转换环节，能够实现数字量与模拟量的自动转化，一个通道的模拟量被转化为一个 16 位的数字量，占用 16 位内存空间，因此模拟量将以字的长度编址，如本例 EM235 的输入通道编址为：AIW0、AIW2. AIW4. AIW6 及输出通道编址为：AQW0。

系统处理连续变化量实际上是一种离散化的处理思路。即以一定的时间间隔连续取点、运算，只要时间间隔相对于变化来说足够小，就能反映出连续量的变化趋势。这个时间间隔称为采样周期。输入信号只在采样点上变化，在整个采样周期中维持不变，系统就只需要对新采样的值进行运算，产生维持一个采样周期的输出，剩下的时间系统可以处理其他任务。定时中断可以达到这一目的。

通过以上分析，读者需要学习 PID 环路指令的使用、中断程序及子程序的调用指令。为实现手、自动控制的切换，要求设置一个切换开关。

11.3　知识链接

在工程实际应用中，当被控对象的结构和参数不能完全掌握，或得不到精确的数学模型，而控制理论的其它技术难以采用时，系统控制器的结构和参数必须依靠经验和现场调试来确定，这时应用 PID 控制技术最为方便。典型 PID 回路控制系统如图 11-2 所示。

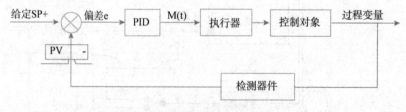

图 11-2　典型 PID 回路控制系统

PID 控制，又称 PID 调节，是根据系统的误差，利用比例、积分、微分计算出控制量实现控制的。

比例控制（P）是一种最简单的控制方式。其控制器的输出与输入误差信号成比例关系。其特点是具有快速反应，控制及时，但不能消除余差。

在积分控制（I）中，控制器的输出与输入误差信号的积分成正比关系。积分控制可以消除余差，但具有滞后特点，不能快速对误差进行有效的控制。

在微分控制（D）中，控制器的输出与输入误差信号的微分（即误差的变化率）成正比关系。微分控制具有超前作用，它能预测误差变化的趋势。避免较大的误差出现，微分控制不能消除余差。

PID 控制，P、I、D 各有自己的优点和缺点，它们一起使用的时候又和互相制约，但只有合理地选取 PID 值，就可以获得较高的控制质量

11.3.1　PID 指令

1. 指令格式

西门子 S7－200 系列 PLC 的 PID 回路指令如图 11-3 所示。PID 指令的两个参数中其中一是 LOOP 为回路号，取值 0～7，表示在一个程序中最多可设 8 个 PID 调节回路，也就是只能用 8 次 PID 指令。第二个参数是 TABLE，为参数表或称回路表，TABLE 用回路表的起始地址表示。该表是存储 PID 参数的相关单元。

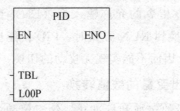

图 11-3　PID 回路指令

进行 PID 运算的前提条件是逻辑堆栈栈顶值必须为 1。在程序中最多可以用 8 条 PID 指令。PID 回路指令不可重复使用同一个回路号，否则会产生不可预料的结果。

回路表包含 9 个参数，用来控制和监视 PID 运算。这些参数定义如表 11-1 所示。

表 11-1　回路表格式

偏移地址	变量名	数据类型	变量类型	描述
0	过程变量当前值（PVn）	实数	输入	过程变量，0.0～1.0
4	给定值（SPn）	实数	输入	给定值，0.0～1.0
8	输出值（Mn）	实数	输入/输出	输出值，0.0～1.0
12	增益（Kc）	实数	输入	比例常数，正、负

（续表）

偏移地址	变量名	数据类型	变量类型	描述
16	采样时间（TS）	实数	输入	单位为 s，正数
20	积分时间（TI）	实数	输入	单位为分钟，正数
24	微分时间（TD）	实数	输入	单位为分钟，正数
28	积分项前值（MX）	实数	输入/输出	积分项前值，0.0～1.0
32	过程变量前值（PVn−1）	实数	输入/输出	最近一次 PID 变量值

2. 控制方式

S7−200PLC 执行 PID 指令时为"自动"运行方式。不执行 PID 指令时为"手动"方式。

PID 指令有一个允许输入端（EN），当该输入端检测到一个正跳变（从 0 到 1）信号，PID 回路就从手动方式无扰动地切换到自动方式。无扰动切换时，系统把手动的当前输出值填入回路表中的 Mn 栏，用来初始化输出值 Mn。且进行一系列的操作，对回路表中的值进行组态：

置给定值 SPn＝过程变量当前值 PVn

置过程变量前值 PVn−1＝过程变量当前值 PVn

置积分项前值 MX＝输出值 Mn

梯形图中，若 PID 指令的允许输入端（EN）直接接至左母线，在启动 CPU 或 CPU 从 STOP 方式转换到 RUN 方式时，PID 使能位的默认值是 1，可以执行 PID 指令，但无正跳变信号，因而不能实现无扰动的切换。

3. 回路输入/输出变量的数值转换

（1）回路输入变量的转换和标准化。给定值和过程变量都是实际的工程物理量，其数值大小、范围和测量单位都可能不一样，执行 PID 指令前必须把实际测量输入量、设定值和回路表中的其它输入参数进行标准化处理，即转换成标准的浮点型实数。

把 A/D 模拟量单元输出的工程实际值 16 位整数转换成浮点型实数值。程序如下：

```
XORD        AC0,AC0             清空累加器
MOVW        AIW0,AC0            把待变换的模拟量存入累加器
LDW>=       AC0,0              如果模拟量为正
JMP         0                  则直接转换成实数
NOT                            否则
ORD         16# FFFF0000,AC0   先对 AC0 中的值进行符号扩展
LBL         0
ITD         AC0,AC0            把 16 位整数转换成双字整数
DTR         AC0,AC0            把双字整数转换成实数
```

将实数格式的工程实际值转化为 0.0～1.0 之间的无量纲标准化值。实数标准化

公式：

$$Rnorm = Rraw / Span + Offset$$

式中：Rnorm——工程实际值的标准化值；

　　　Rraw——工程实际值的实数形式值，未进行标准化处理；

　　　Span——值域大小，为最大允许值减去最小允许值，单极性为 32000（典型值），双极性为 64000（典型值）。

　　　Offset——补偿值或偏值，单极性为 0.0（以 0.0 开始在 0.0～1.0 范围内变化），双极性为 0.5（在 0.5 上下变化）。

　　将 AC0 双极性模拟量进行标准化处理，程序如下：

/R	64000,AC0	AC0 中的双极性模拟量值进行标准化处理
+ R	0.5,AC0	加上偏值,使其在 0.0～1.0 范围内变化
MOVR	AC0,VD100	标准化的实数值存入 TBL 回路表地址为 VB100 中

　　（2）回路输出转换为工程物理量的整数值。程序执行时把各个标准化实数量用离散化 PID 算式进行处理，产生一个标准化实数运算结果，这一结果同样也要用程序将其转化为相应的 16 位整数，然后周期性地将其转送到指定的 AQW 输出，用以驱动模拟量的负载，实现模拟量的控制。

　　将回路输出转换为按工程量标定的实数公式：

$$Rscal = (Mn - Offset) \, Span$$

式中：Rscal——已按工程量换算成实数格式的回路输出；

　　　Mn——回路输出的标准化实数值；

　　　Span、Offset 的定义同上。

　　回路输出变量的程序如下：

MOVR	VD108,AC0	把回路输出结果移入 AC0
- R	0.5,AC0	将双极性输出值减去 0.5
* R	64000.0,AC0	将 AC0 中的值按工程量换算

　　将实数转换为 16 位整数（INT）格式输出。

ROUND	AC0	将实数转换成双整数
DTI	AC0,AC0	将双整数转换成整数
MOVW	AC0,AQW0	将整数值送到模拟量输出通道

4. 变量范围

　　输出变量是由 PID 运算产生的，在每一次 PID 运算完成之后，需要把新的输出值写入回路表，以供下一次 PID 运算。输出值被限定为 0.0～1.0 之间的实数。

　　如果使用积分控制，积分项前值 MX 要根据 PID 运算结果更新。每次 PID 运算后更新了的积分项前值要写入回路表，用作下一次 PID 运算的输入。当输出值超出范围（大于 1.0 或小于 0.0），那么积分项前值必须根据下列公式进行调整：

```
MX= 1.0—MPn+ MDn)     当计算输出值 Mn>1.0
```

MX= -(MPn+ MDn)   当计算输出值 Mn<0.0

上式中，MX 是经过调整了的积分项前值；MPn 是第 n 采样时刻的比例项；MDn 是第 n 采样时刻的微分项。

修改回路表中积分项前值时，应保证 MX 的值在 0.0～1.0 之间。调整积分项前值后使输出值回到（0.0～1.0）范围，可以提高系统的响应性能。

5. 选择回路控制类型

在大部分模拟量的控制中，使用的回路控制类型并不是比例、积分和微分三者俱全。，有些控制系统只需要其中的一种或两种回路控制类型。通过设置相关参数可以选择所需的回路控制类型。

如果只需比例、积分回路控制，可以把微分时间 Td 常数设置为 0。

如果只需比例、微分回路控制，可以把积分时间常数 Ti 设置为无穷大。

如果只需积分和微分回路控制，可以把比例增益 Kc 设置为 0。

6. 出错条件

如果指令操作数超出范围，CPU 会产生编译失败。PID 指令不检查回路表中的值是否在范围之内，必须确保过程变量、给定值、输出值、积分项前值、过程变量前值在 0.0～1.0 之间。如果 PID 运算发生错误，那么特殊存储器标志位 SM1.1（溢出或非法值）会被置 1，并终止 PID 指令的执行。

11.3.2 PID 指令应用

锅炉内蒸汽压力 PID 控制：为了生产需求，调节鼓风机的速度使锅炉内蒸汽压力维持在 0.85～1.0MPa，压力的大小由压力变送器检测，变送器压力量程 0～2.5MPa，输出 DC 为 4～20mA，其标准化刻度值如图 11-4 所示。

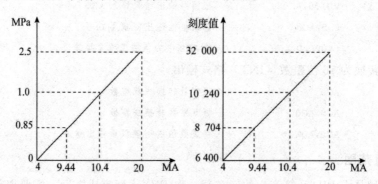

图 11-4　压力变送标准化刻度值示意图

过程变量值是压力变送器检测到的单极性模拟量，回路输出值也是一个单极性模拟量，用来控制鼓风机的速度，在这里使用 PI 控制方式，回路参数如表 11-2 所示。

表 11-2　PI 控制方式回路参数表

偏移地址	域	设定值
VD104	设定值 SPn	0.34
VD112	增益 Kc	0.06
VD116	采样时间 Ts	0.2
VD120	积分时间 Ti	10.0
VD124	微分时间 Td	0.0

程序编制采用主程序、子程序和中断程序的结构模式，如图 11-6 所示。

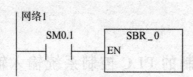

主程序

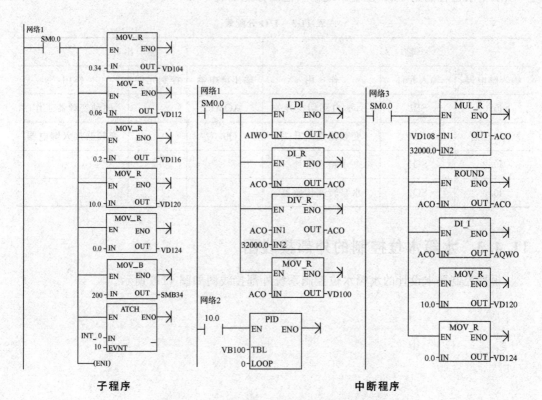

子程序　　　　　　　　　　　　　　中断程序

图 11-5　锅炉内蒸汽压力 PID 控制梯形图

11.4 任务实施

11.4.1 设备配置

设备配置如下。

（1）一台 S7－200PLC 系列 CPU224 及以上 PLC。

（2）装有 STEP7－Micro/WINV4.0SP6 及以上版本编程软件的 PC 机。

（3）水箱水位控制的模拟装置。

（4）PC/PPI 电缆。

（5）导线若干。

11.4.2 水箱水位控制的 PLC 控制系统输入输出分配表

水箱水位控制的 PLC 控制系统输入输出分配如表 11-3 所示。

表 11-3 I/O 分配表

输　入			输　出		
输入继电器	输入元件	作　用	输出继电器	控制元件	作　用
I0.0	SB1	手动/自动切换开关	AQW0		驱动变频器工作
I0.1	SB2	变频器接入开关	Q0.0		变频器接入继电器
I0.2	SQ1	水箱水位计			
I0.3	SQ2	水泵转速传感器			

11.4.3 水箱水位控制的外部接线图

根据控制要求设计的水箱水位控制系统外部接线图如图 11-6 所示。

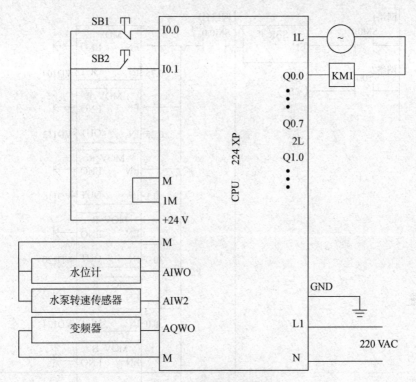

图 11-6　控制电路接线图

11.4.4　水箱水位控制系统符号表

水箱水位控制系统符号表如表 11-4 所示。

表 11-4　水箱水位控制系统符号表

			符号	地址	注释
1			手动、自动切换开关	I0.0	
2			变频器接入强制开关	I0.1	
3			水箱水位计	I0.2	
4			水泵转速传感器	I0.3	
5			变频器接入继电器	Q0.0	
6					

11.4.5　水箱水位控制系统梯形图程序

水箱水位控制系统梯形图程序如图 11-7 所示。

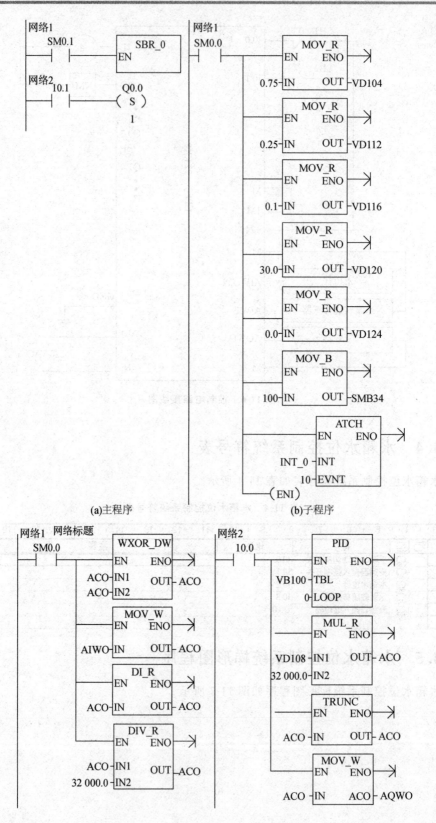

(a)主程序   (b)子程序

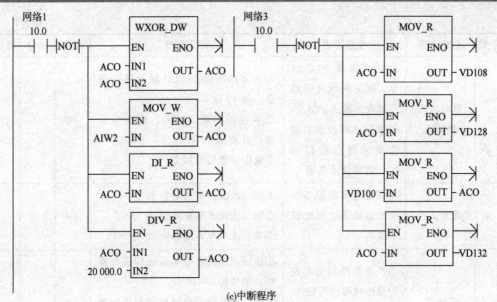

(c)中断程序

图 11-7 水箱水位控制系统梯形图

11.4.6 程序调试与运行

(1)编写梯形图程序,编译后将编译好的梯形图程序下载到 PLC 中。

(2)启动 PLC 运行,调速电动机运行向水箱注水,水箱水位自动上升,当达到 75%高度时,通过输入点 I0.0 的置位切入自动状态,维持水位在 75%高度。

(3)梯形图程序编写中 PID 参数表初始化、PID 参数标准化及归一化处理是否正确。

(4)检修线路连接和梯形图程序,直至能够正常工作。

11.5 任务评价

水箱水位控制系统程序设计能力与模拟调试能力评价标准表 11-6 所示。评价的方式可以教师评价、也可以自评或者互评。

表 11-6 水箱水位控制系统任务评价表

序号	主要内容	考核要求	评分标准	配分	扣分	得分
1	电路及程序设计	①根据控制要求,列出 PLC 输入/输出(I/O)口元器件的地址分配表和设计 PLC 输入/输出(I/O)口的接线图 ②根据控制要求设计 PLC 梯形图程序和对应的指令表程序	①PLC 输入/输出(I/O)地址遗漏或搞错,每处扣 5 分 ②PLC 输入/输出(I/O)接线图设计不全或设计有错,每处扣 5 分 ③梯形图表达不正确或画法不规范,每处扣 5 分 ④接线图表达不正确或画法不规范,每处扣 5 分 ⑤PLC 指令程序有错,每条扣 5 分	40		

（续表）

序号	主要内容	考核要求	评分标准	配分	扣分	得分
2	程序输入及调试	①熟练操作 PLC 键盘，能正确地将所编写的程序输入 PLC ②按照被控设备的动作要求进行模拟调试，达到设计要求	①不会熟练操作 PLC 键盘输入指令，扣 10 分 ②不会用删除、插入、修改等命令，每次扣 10 分 ③缺少功能每项扣 25 分	30		
3	通电试车	在保证人身和设备安全的前提下，通电试车成功	①第一次试车不成功扣 10 分 ②第二次试车不成功扣 20 分 ③第三次试车不成功扣 30 分	30		
4	安全文明生产	①严格按照用电的安全操作规程进行操作 ②严格遵守设备的安全操作规程进行操作 ③遵守 6S 管理守则	①违反用电的安全操作规程进行操作，酌情扣 5～40 分 ②违反设备的安全操作规程进行操作，酌情扣 5～40 分 ③违反 6S 管理守则，酌情扣 1～5 分	倒扣		
备注	除了定额时间外，各项内容的最高分不应超过配分数；每超时 5 min 扣 5 分		合计	100		
定额时间	120 min	开始时间		结束时间		考评员签字		年 月 日

11.6 知识和能力拓展

11.6.1 知识拓展

1. PID 控制算法

如图 11-8 所示，PID 控制器可调节回路输出，使系统达到稳定状态。

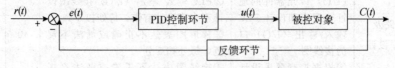

图 11-8 带 PID 控制器的闭控制系统框图

偏差 e 和输入量 r、输出量 c 的关系：

$$e(t) = r(t) - c(t) \tag{1}$$

控制器的输出为：

$$u(t) = K_P\left[e(t) + \frac{1}{T_i}\int_0^t e(t)\mathrm{d}t + T_d\frac{\mathrm{d}e(t)}{\mathrm{d}t}\right] \tag{2}$$

式中，$u(t)$ ——PID 回路的输出；

K_p——比例系数 P；

T_i——积分系数 I；

T_d——微分系数 D。

PID 调节器的传输函数为：

$$D(S) = \frac{U(S)}{E(S)} = K_P\left[1 + \frac{1}{T_iS} + T_dS\right] \tag{3}$$

数字计算机处理这个函数关系式，必须将连续函数离散化，对偏差周期采样后，计算机输出值。其离散化的规律如表 11-7 所示。

表 11-7 模拟与离散形式

模拟形式	离散化形式
$e(t) = r(t) - c(t)$	$e(n) = r(n) - c(n)$
$\dfrac{\mathrm{d}e(t)}{\mathrm{d}T}$	$\dfrac{e(n) - e(n-1)}{T}$
$\displaystyle\int_0^t e(t)\mathrm{d}t$	$\displaystyle\sum_{i=0}^n e(i)T = T\sum_{i=0}^n e(i)$

所以，PID 输出经过离散化后，它的输出方程为：

$$\begin{aligned}
u(n) &= K_P\left\{e(n) + \frac{T}{T_i}\sum_{i=0}^n e(i) + \frac{T_d}{T}[e(n) - e(n-1)]\right\} + u_0 \\
&= u_P(n) + u_i(n) + u_d(n) + u_0
\end{aligned} \tag{4}$$

式中，

$u_P(n) = K_P e(n)$ 称为比例项；

$u_i(n) = K_p\dfrac{T}{T_i}\displaystyle\sum_{i=0}^n e(i)$ 称为积分项；

$u_d(n) = K_p\dfrac{T_d}{T}[e(n) - e(n-1)]$ 称为微分项。

式（4）中，积分项 $\displaystyle\sum_{i+1}^n e(i)$ 是包括第一个采样周期到当前采样周期的所有误差的累积值。计算中，没有必要保留所有的采样周期的误差项，只需要保留积分项前值，计算机的处理就是按照这种思想。故可利用 PLC 中的 PID 指令实现位置式 PID 控制算法量。

2. PID 在 PLC 中的回路指令

（1）回路输入输出变量的数值转换方法。设定的温度是给定值 SP，需要控制的变量是炉子的温度。但它不完全是过程变量 PV，过程变量 PV 和 PID 回路输出有关。在本文中，经过测量的温度信号被转化为标准信号温度值才是过程变量，所以，这两个数不在同一个数量值，需要他们作比较，那就必须先作一下数据转换。温度输入变量的数 10 倍据转化。传感器输入的电压信号经过 EM231 转换后，是一个整数值，他的值大小是实际温度的把 A/D 模拟量单元输出的整数值的 10 倍。但 PID 指令执行的数据必须是实数型，所以需要把整数转化成实数。使用指令 DTR 就可以了。如本设计中，是从 AIW0 读入温度被传感器转换后的数字量。其转换程序如下：

$$MOVW \quad AIW0，AC1$$
$$DTR \quad AC1，AC1$$
$$MOVR \quad AC1，VD100$$

（2）实数的归一化处理。因为 PID 中除了采样时间和 PID 的三个参数外，其他几个参数都要求输入或输出值 0.0～1.0 之间，所以，在执行 PID 指令之前，必须把 PV 和 SP 的值作归一化处理。使它们的值都在 0.0～1.0 之间。归一化的公式为

$$R_{noum} = (R_{raw}/S_{pan} + Off_{est}) \tag{5}$$

式中，R_{noum}——标准化的实数值；

$\qquad R_{raw}$——未标准化的实数值；

$\qquad S_{pan}$——补偿值或偏置，单极性为 0.0，双极性为 0.5；

$\qquad Off_{est}$——值域大小，为最大允许值减去最小允许值，单极性为 32 000. 双极性为 6 400。

本文中采用的是单极性，故转换公式为：

$$R_{noum} = (R_{raw}/32000) \tag{6}$$

因为温度经过检测和转换后，得到的值是实际温度的 10 倍，所以为了 SP 值和 PV 值在同一个数量值，我们输入 SP 值的时候应该是填写一个是实际温度 10 倍的数，即想要设定目标控制温度为 100 ℃时，需要输入一个 1 000。另外一种实现方法就是，在归一化的时候，值域大小可以缩小 10 倍，那么，填写目标温度的时候就可以把实际值直接写进去。

（3）回路输出变量的数据转换。本设计中，利用回路的输出值来设定下一个周期内的加热时间。回路的输出值是在 0.0～1.0 之间，是一个标准化了的实数，在输出变量传送给 D/A 模拟量单元之前，必须把回路输出变量转换成相应的整数。这一过程是实数值标准化过程。

$$R_{scal} = (M_n - Off_{est})S_{pan} \tag{7}$$

S7－200 不提供直接将实数一步转化成整数的指令，必须先将实数转化成双整数，再将双整数转化成整数。程序如下：

ROUND　AC1，AC1

DTI　AC1，VW34

3. PID 参数整定

PID 参数整定方法就是确定调节器的比例系数 P、积分时间 Ti 和和微分时间 Td，改善系统的静态和动态特性，使系统的过渡过程达到最为满意的质量指标要求。一般可以通过理论计算来确定，但误差太大。目前，应用最多的还是工程整定法：如经验法、衰减曲线法、临界比例带法和反应曲线法。

经验法又叫现场凑试法，它不需要进行事先的计算和实验，而是根据运行经验，利用一组经验参数，根据反应曲线的效果不断地改变参数，对于温度控制系统，工程上已经有大量的经验，其规律如 11-8 所示。

表 11-8　温度控制器参数经验数据

被控变量	规律的选择	比例度	积分时间/min	微分时间/min
温度	滞后较大	20~60	3~10	0.5~3

实验凑试法的整定步骤为"先比例，再积分，最后微分"。

(1) 整定比例控制。将比例控制作用由小变到大，观察各次响应，直至得到反应快、超调小的响应曲线。

(2) 整定积分环节。先将 (1) 中选择的比例系数减小为原来的 50~80%，再将积分时间置一个较大值，观测响应曲线。然后减小积分时间，加大积分作用，并相应调整比例系数，反复试凑至得到较满意的响应，确定比例和积分的参数。

(3) 整定微分环节环节。先置微分时间 TD＝0，逐渐加大 TD，同时相应地改变比例系数和积分时间，反复试凑至获得满意的控制效果和 PID 控制参数。

根据反复的试凑，调出比较好的结果是 P＝120，I＝3.0，D＝1.0。

11.6.2　技能拓展

某加热炉采用了 5 个灯来显示过程的状态，分别是运行灯，停止灯，温度正常灯，温度过高（警示灯）灯从而反应加热炉内的大概情况，利用 PLC 完成控制系统。

11.7　思考与练习

1. 某频率变送器的量程为 45~55 Hz，输出信号为 DC0~10 V，模拟量输入模块的输入电压 0~10 V 被转换成 0~32 000 的整数。在 I0.0 的上升沿，根据 AIW0 中 A/D 转换后的数据 N，用整数运算指令计算出以 0.01 Hz 为单位的频率值。当频率大于 52 Hz 或小于 48 Hz 时，通过 Q0.0 发出报警信号，试编写程序。

2. 某热水箱中需要对水位和水温进行控制：当水箱水位低于下警戒水位时，打开进水阀给水箱中加水，当水箱中的水位高于上警戒水位时，关闭进水阀；当水箱中的水温低于设定温度下限时，打开加热器给水箱中得水加热，当水箱中的水温高于设定温度上限时停止加热；在加热器没有工作时且进水阀关闭时打开出水阀，以便向外供水。其中，水箱中的上警戒水位和下警戒水位、温度上下限可以任意设定。试编写PLC程序。

项目 12
两台 PLC 之间的通信

知识目标

- 了解 PLC 网络通信的基本概念；
- 掌握 S7－200PLC 的 PPI 通信的概念；
- 掌握 S7－200PLC 的 PPI 通信的硬件配置；
- 掌握 S7－200PLC 的 PPI 网络读写指令功能及应用。

能力目标

- 会编写 S7－200PLC 的 PPI 网络通信程序；
- 会排出 S7－200PLC 的 PPI 网络通信故障；
- 会进行 S7－200PLC 的 PPI 网络通信的硬件安装与接线。

12.1 任务导入

在工业生产过程中，对于复杂的生产线自动控制系统而言，使用单个 PLC 设备通常很难完成控制任务。因此，通常会根据生产的控制要求，将控制任务分解成多个控制子任务，然后将每个子任务分别由一个 PLC 来完成。

由于生产任务的复杂性，将任务分解后，并不能做到各个子任务之间没有任何联系。为了实现生产任务的统一管理和调度，这时必须将完成各个子任务的 PLC 组成网络，通过通信的方式传递控制指令和各个工作部件之间的状态信息，这就是 PLC 的通信功能。

如图 12-1 所示为自动生产线的其中两个站，设两台 S7－200PLC 的站地址分别为甲站和乙站，设计用两台 S7－200 PPI 通信，控制两台电动机的星/三角降压启动。

控制要求如下：

（1）两台 S7－200 PLC 通过端口 0（PORT0）互相实现 PPI 通信；波特率为

9 600。

（2）甲站启动乙站电动机星/三角启动，甲站停止乙站电动机运转；乙站启动甲站电动机星/三角启动，乙站停止甲站电动机运转。

（3）电动机星/三角降压启动过程为：按启动按钮，主电源接触器、星形接触器通电，电动机绕组在星形下启动，经 6 s 延时后，星形接触器断电，延时 1 s 后，三角形接触器通电，电动机绕组在三角形方式运行，当按下停止按钮，主电源、星接、三角接接触器断电，电动机停止运行。

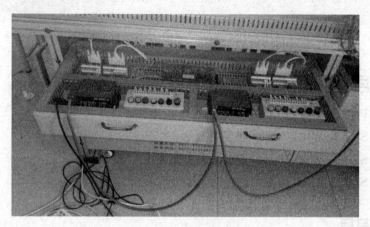

图 12-1　PLC 通信示意图

12.2　任务分析

分析上述任务，可以实现两台 S7－200 PLC 的 PPI 通信实现，分别定义甲站为 2 号站、乙站为 3 号站，2 号站为主站，3 号站为从站。可以编程实现由 2 号主站的输入端子信号控制 3 号从站的输出端子，3 号从站的输入端子控制 2 号主站的输出端子。

12.3　知识链接

12.3.1　通讯的基础知识

在大型控制系统中，由于控制任务复杂，点数过多，各任务间的数字量、模拟量相互交叉，因而出现了仅靠增强单机的控制功能及点数已难以胜任的现象。所以，各PLC 生产厂家为了适应复杂生产的需要，也为了便于对 PLC 进行监控，均开发了各自的 PLC 通讯技术及 PLC 通讯网络。

PLC 的通讯就是指 PLC 与计算机之间、PLC 与 PLC 之间、PLC 与其它智能设备之间的数据通讯问题。

1. 并行通信与串行通信

　　并行数据通信是以字节或字为单位的数据传输方式,除了 8 根或 16 根数据线、一根公共线外,还需要通信双方联络用的控制线。并行通信的传送速度快,但是传输线的根数多,成本高,一般用于近距离的数据传送,如打印机与计算机之间的数据传送,工业控制一般使用串行数据通信。

　　串行数据通信是以二进制的位（bit）为单位的数据传输方式,每次只传送一位,除了公共线外,在一个数据传输方向上只需要一根数据线,这根线既作为数据线又作为通信联络控制线,数据信号和联络信号在这根线上按位进行传送。串行通信需要的信号线少,最少的只需要两根线（双绞线）,适用于距离较远的场合。计算机和可编程序控制器都有通用的串行通信接口（如 Rs—232c）,工业控制中一般使用串行通信。如图 12-2 所示为串行与并行传输示意图。

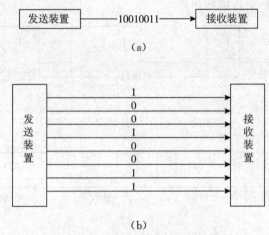

图 12-2　串行与并行传输示意图

（a）串行传输；（b）并行通讯传输

2. 异步通信与同步通信

　　在串行通信中,通信的速率与时钟脉冲有关,接收方的接收速率和发送方的传送速率应相同,但是实际的发送速率与接收速率之间总是有一些微小的差别,如果不采取措施,在连续传送大量的信息时,将会因积累误差造成错位,使接收方收到错误的信息。为 r 解决这一问题.需要使发送过程和接收过程同步。按同步方式的不同,可将串行通信分为异步通信和同步通信。

　　异步通信时发送的字符由一个起始位、7~8 个数据位、1 个奇偶校验位（可以没有）和停止位（1 位、1 位半或两位）组成。在通信开始之前,通信的双方需要对所采用的信息格式和数据的传输速率作相同的约定。接收方检测到停止位和起始位之间的下降沿后，将它作为接收的起始点．在每一位的中点接收信息。由于一个字符中包含的位数不多，即使发送方和接收方的收发频率略有不同，也不会因两台机器之间的时钟周期的积累误差而导致收发错位。异步通信传送附加的非有效信息较多，它的传输效率较低，可编程序控制器一般使用异步通信，如图 6.1 所示，为异步传输的图例。

同步通信以字节为单位（一个字节由 8 位二进制数组成），每次传送 1～2 个同步字符、若干个数据字节和校验字符。同步字符起联络作用，用它来通知接收方开始接收数据。在同步通信中，发送方和接收方要保持完全的同步，这意味着发送方和接收方应使用同一时钟脉冲。在近距离通信时，可以在传输线中设置一根时钟信号线。在远距离通信时，可以通过调制解调方式在数据流中提取出同步信号，使接收方得到与发送方完全相同的接收时钟信号。

由于同步通信方式不需要在每个数据字符中加起始位、停止位和奇偶校验位，只需要在数据块之前加一两个同步字符，所以传输效率高，但是对硬件的要求较高，一般用于高速通信，

如图 12-3 所示为同步传输的图例。

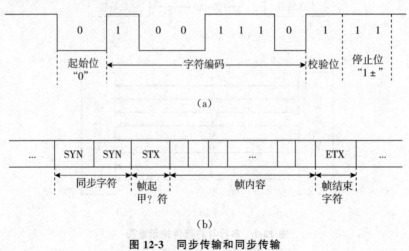

图 12-3　同步传输和同步传输

（a）异步传输；（b）同步传输

3. 单工与双工通信方式

单工通信方式只能沿单一方向发送或接收数据。双工方式的信息可沿两个方向传送，每一个站既可以发送数据，也可以接收数据。双工方式又分为全双工和半双工两种方式。

（1）全双工方式。数据的发送和接收分别由两根或两组不同的数据线传送，通信的双方都能在同一时刻接收和发送信息，这种传送方式称为全双工方式。如图 12-4 所示，A 端和 B 端双方都可以一面发送数据，一面接收数据；如"电话机、手机"等。

图 12-4 全双工方式

（2）半双工方式。用同一组线接收和发送数据，通信的双方在同一时刻只能发送数据或接收数据，这种传送方式称为半双工方式，如图 12-5 所示。其中 A 端和 B 端都具有发送和接收的功能，但传送线路只有一条，或者 A 端发送 B 端接收，或者 B 端发送 A 端接收；如"对讲机"。

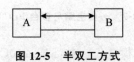

图 12-5 半双工方式

（3）单工通信方式。单工通信是指信息的传送始终保持同一个方向，而不能进行反向传送，如图 12-6 所示。其中 A 端只能作为发送端，B 端只能作为接收端。

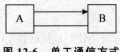

图 12-6 单工通信方式

4. 传输速率

在串行通信中，传输速率（又称波特率）的单位是比特每秒，即每秒传送的二进制位数，其符号为 bit/s 或 bps。常用的标准波特率为 300 bps、600 bps、1 200 bps、2 400 bps、4 800 bps、9 600 bps 和 19 200 bps 等。不同的串行通信网络的传输速率差别极大，有的只有数百比特每秒，高速串行通信网络的传输速率可达 1 000 Mbps。

12.3.2 S7－200 系列 PLC 的网络通信协议

1. 点对点通信协议

在这种连接形式中，采用一根 PC/PPI 电缆，将计算机与 PLC 连接在一个网络中，PLC 之间的连接则通过网络连接器来完成，如图 12-7 所示。这种网络使用 PPI 协议进行通讯。

PPI 协议是一个主/从协议。这是一种基于字符的协议，共使用字符 11 位：1 位起始位，8 为数据位，1 为奇偶较验位，1 为结束位。通讯帧依赖于特定起始位字符和结束字符，源和目的站地址，帧长，以及全部数据和校验字符。这个协议支持一主机多从机连接和多主机多从机连接方式。在这个协议中，主站给从站发送申请，从站进行响应。从站不初始化信息，但是当主站发出申请或查询时，从站才响应。网络上的所有 S7－200CPU 都作为从站。

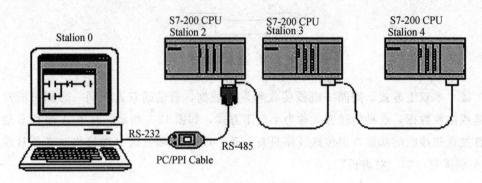

图 12-7 一台电脑与多台 PLC 相连

如果在程序中允许 PPI 主站模式，一些 S7－200CPU 在 RUN 模式下可以作为主站。一旦允许主站模式，就可以利用网络读和网络写指令读写其他 CPU。当 S7－200CPU 作为 PPI 主站时，它还可以作为从站响应来自其他主站的申请。对于任何一个从站有多少个主站和他通讯，PPI 没有限制，但是在网络中最多只能由 32 个主站。

2. 多点接口协议

在计算机或编程设备中插入一块 MPI（多点接口卡）卡或 CP（通讯处理卡）卡，由于该卡本身具有 RS—232/RS—485 信号电平转换器，因此可以将计算机或编程设备直接通过 RS－485 电缆与 S7－200 系列 PLC 进行相连，如图 12-8 所示。这种网络使用 MPI 协议通讯。

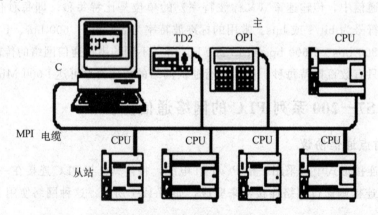

图 12-8 多点网络示意图

MPI 协议可以是主/主协议或主/从协议。协议如何操作有赖于设备类型。如果设备是 S7－300CPU，那么就建立主/主连接，因为所有的 S7－300CPU 都是网络主站。如果是 S7－200CPU，那么就建立主/从连接，因为 S7－200CPU 是从站。MPI 总是在两个相互通讯的设备之间建立连接。主站为了应用可以短时间建立一个连接，或无限地保持连接的断开。

3. PROFIBUS 协议

S7－200 系列 PLC 通过 EM277　PROFIBUS－DP 模块可以方便地与 PROFIBUS 现场总线进行连接，进而实现低档设备的网络运行，如图 12-9 所示。

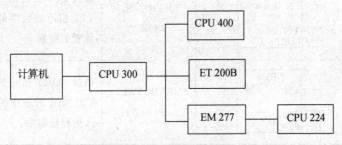

图 12-9　PROFIBUS 协议

PROFIBUS 协议设计用于分布式 I/O 设备（远程 I/O）的高速通讯。在 S7－200 中，CPU222、CPU224 和 CPU226 都可以通过 EM277 PROFIBUS－DP 扩展模板支持 PROFIBUS－DP 网络协议。

PROFIBUS 网络通常由一个主站和几个 I/O 从站。主站初始化网络并核对网络上的从站设备和配置中的是否匹配。当 DP（Distributed Peripheral）主站成功的组态一个从站时，他就拥有该从站，如果网络中有第二个主站，它只能很有限的访问第一个主站的从站。

4. 自由端口模式

通过使用接收中断、发送中断、字符中断、发送指令（XMT）和接收指令（RCV），自由端口通信可以控制 S7－200CPU 通信口的操作模式。利用自由端口模式，可以实现用户定义的通信协议，连接多种智能设备。通过 SMB30，允许在 CPU 处于 RUN 模式时通信口 0 使用自由端口模式。CPU 处于 STOP 模式时，停止自由端口通信，通信口强制转换成 PPI 协议模式，从而保证了编程软件对可编程序控制器的编程和控制的功能。

12.3.3　网络读写指令

在 SIMATIC S7 的网络中，S7－200 被默认为从站。只有在采用 PPI 通信协议时，有些 S7－200 系列的 PLC 允许工作于 PPI 主站模式。将 PLC 的通信端口 0 或通信端口 1 设定工作于 PPI 主站模式，是通过设置 SMB30 或 SMB130 的低两位的值来进行的。因此只要将 SMB30 或 SMB130 的低两位取值 2♯10，就将 PLC 的通信端口 0 或通信端口 1 设定工作于 PPI 主站模式，就可以执行网络读写指令了。

1. 网络读写指令的格式与功能

网络读写指令的格式与功能如表 12-1 所示。

表 12-1　网络读和网络写指令的格式与功能

指令	梯形图 LAD	语句表 STL	功　能
网络读指令	NETR EN　ENO ????-TBL ????-PORT	NETR TBL， PORT	通过 PORT 指定的通信口，根据 TBL 指定的表中的定义读取远程装置的数据
网络写指令	NETW EN　ENO ????-TBL ????-PORT	NETW TBL， PORT	通过 PORT 指定的通信口，根据 TBL 指定的表中的定义将数据写入远程设备中去

说明：

（1）TBL 指定被读/写的网络通信数据表，其寻址的寄存器为 VB、MB、﹡VD、﹡AC，其表的格式见表 12-2；

（2）PORT 指定通信端口 0 或 1；

（3）NETR（NETW）指令可从远程站最多读入（写）16 字节的信息，同时可最多激活 8 条 NETR 和 NETW 指令。例如，在一个 S7－200 系列 PLC 中可以有 4 条 NETR 和 4 条 NETW 指令，或 6 条 NETR 指令和 2 条 NETW 指令。

2. 网络通信数据表的格式

在执行网络读写指令时，PPI 主站与从站之间传送数据的网络通信数据表（TBL）的格式如表 12-2 所示。

表 12-2　PPI 主站与从站之间传送数据的网络通信数据表格式

字节偏移地址	字节名称	描　述						
0	状态字节	7						0
		D	A	B	0	E1	E2	E3　E4
		D：操作完成位。D＝0：未完成；D＝1：完成 A：操作排队有效位。A＝0：无效；A＝1：有效 E：错误标志位。E＝0：无错误；E＝1：有错误 E1，E2，E3，E4 为错误编码。如果执行指令后，E＝1，则 E1，E2，E3，E4 返回一个错误编码，编码及说明见表 12-3。						
1	远程站地址	被访问的 PLC 从站地址						
2	远程站的数据指针	被访问数据的间接指针 指针可以指向 I，Q，M 和 V 数据区						
3								
4								
5								

（续表）

字节偏移地址	字节名称	描 述
6	数据长度	远程站点上被访问数据的字节数
7	数据字节 0	收或发送数据区：对 NETR，执行 NETR 后，从远程站点读
8	数据字节 1	到的数据存放在这个数据区中；对 NETW，执行 NETW 前，
...	……	要发送到远程站点的数据存放在这个数据区
22	数据字节 15	

表 12-3　网络通信指令错误编码表

E1E2E3E4	错误码	含 义
0000	0	无错误
0001	1	时间溢出错误：远程站无响应
0010	2	接收错误：校验错误，或检查时出错
0011	3	离线错误：站号重复或硬件损坏
0100	4	队列溢出出错：激活超过 8 个 NETR/NETW 框
0101	5	违反协议：没有在 SMB30 中使能 PPI，却要执行 NETR/NETW 指令
0110	6	非法参数：NETR/NETW 的表中含有非法的或无效的值
0111	7	没有资源：远程站忙
1000	8	Layer 7 错误：应用协议冲突
1001	9	信息错误：错误的数据地址或数据长度不正确
1010～1111	A～F	未用，为将来的使用保留

3. 网络读写指令应用

有 3 台 PLC 甲、乙、丙与计算机通过 RS－485 通信接口和网络连接器组成一个使用 PPI 协议的单主站通信网络，如图 12-10 所示。甲作为主站，乙与丙作为从站。要求一开机，甲 PLC 的 Q0.0～Q0.7 控制的 8 盏灯每隔 1 s 依次亮，接着乙 PLC 的 Q0.0～Q0.7 控制的 8 盏灯每隔 1 s 依次亮，然后丙 PLC 的 Q0.0～Q0.7 控制的 8 盏灯每隔 1 s 依次亮。然后再从甲 PLC 开始 24 盏灯不断循环地依次亮。

根据控制要求可知：一开机，甲机 Q0.0－Q0.7 控制的 8 盏灯在位移寄存器指令的控制下以秒速度依次亮。当甲机的最后一盏灯亮以后，停止甲机 MB0 的位移位，并将 MB0 的状态通过 NETW 指令写入乙机的写缓冲器 VB110；这时乙机的 Q0.0－Q0.7 控制的 8 盏灯通过位移位寄存器指令也以秒速度依次点亮。通过 NETR 指令把乙机的 Q0.0～Q0.7 的状态读进乙机的读缓冲器 VB100 中，然后又通过 NETW 指令将 VB100 数据表的内容写进丙机的写缓冲器 VB130，当乙机的最后一盏灯亮了以后，丙机的 Q0.0－Q0.7 控制的 8 盏灯依次亮。通过 NETR 指令将丙机的 QB0 的状态读进丙机的读缓冲器 VB120 中，当丙机的最后一盏灯亮，即 V120.7 得电，则重新启动甲机的灯并依次亮。这样整个网络控制的 24 盏灯将按顺序依次亮。

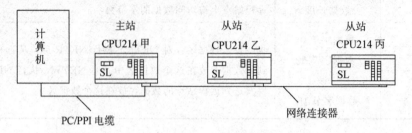

图 12-10　3 台 PLC 网络控制系统示意图

先为甲机 PLC 建立网络通信数据表，如表 12-4 所示。

表 12-4　甲机网络通信数据表

	字节意义	状态字节	远程站地址	远程站数据区指针	被写的数据长度	数据字节
与乙通信用	NETR 缓冲区	VB100	VB101	VD102	VB106	VB107
	NETW 缓冲区	VB110	VB111	VD112	VB116	VB117
与丙机通信	NETR 缓冲区	VB120	VB121	VD122	VB126	VB127
	NETW 缓冲区	VB130	VB131	VD132	VB136	VB137

编制甲机的通信设置及存储器初始化程序如图 12-11 所示，对乙机的读写操作主程序如图 12-12，对丙机的读写操作主程序如图 12-13 所示，甲机彩灯移位控制主程序如图 12-14 所示。

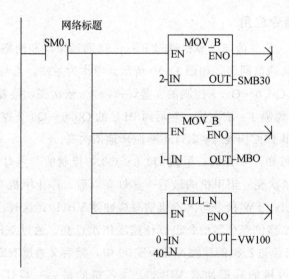

图 12-11　甲机的通信设置及存储器初始化程序

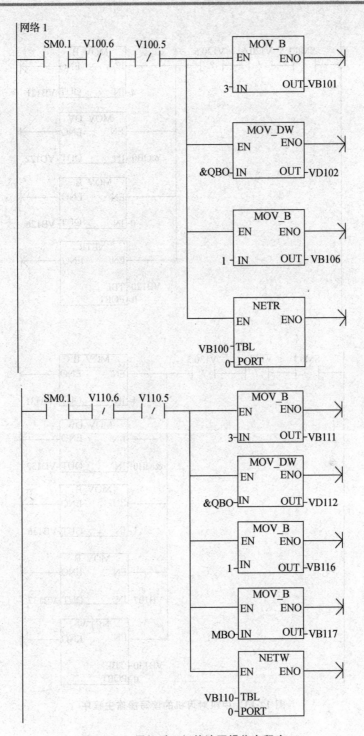

图 12-12 甲机对乙机的读写操作主程序

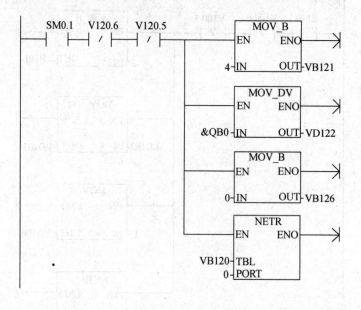

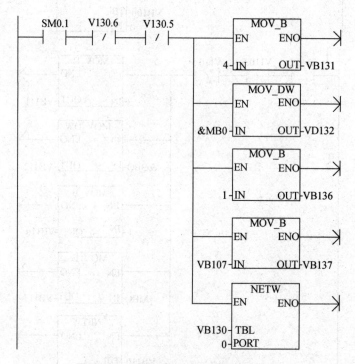

图 12-13　甲机对丙机的读写操作主程序

网络1　网络标题

```
    SM0.5            P        M2.0           SHRB
   ───┤ ├──────────┤P├───────┤/├────────   EN      ENO ──────┤
                                           V127.7─DATA
                                           M0.0 ─ S_BIT
                                              0 ─ N
```

网络2

```
    M0.7            N        V127.7        M2.0
   ───┤ ├──────────┤N├───┬───┤/├─────────( )
    M0.7                 │
   ───┤ ├────────────────┘
```

网络3

```
    SM0.0                 MOV_B
   ───┤ ├──────────   EN      ENO ──────┤
                  MB0─IN       OUT─QB0
```

网络1

```
    M0.7        N              MOV_B
   ───┤ ├──────┤N├──────   EN      ENO ──────┤
                        1─IN       OUT─QBO
```

网络2

```
    SM0.5       P              SHRB
   ───┤ ├──────┤P├──────   EN      ENO ──────┤
                      M2.0─DATA
                      Q0.0─S_BIT
                         8─N
```

图 12-14　甲机彩灯移位控制主程序

12.4　任务实施

12.4.1　设备配置

设备配置如下。

（1）一台 S7－200PLC 系列 CPU224 及以上 PLC。

（2）装有 STEP7－Micro/WINV4.0SP6 及以上版本编程软件的 PC 机。

（3）带网络连接器的 PROFIBUS－DP 电缆。

（4）PC/PPI 电缆。

（5）导线若干。

12.4.2 两台 PLC 通信控制输入输出分配表

根据任务的控制要求,甲站需要四个输入端子,乙站需要三个输入端子进行控制。即给甲 PLC 分配 4 个输入端子,乙 PLC 分配 3 个输入端子。另外由功能分析可知,甲站需要四个输出端子,乙站需要三个输出端子进行控制。即给甲 PLC 分配 4 个输出端子,乙 PLC 分配 3 个输出端子。甲乙两站输入输出地址分配如表 12-5 和表 12-6 所示。

表 12-5 甲站输入输出地址分配表

输入			输出		
输入继电器	输入元件	作　用	输出继电器	控制元件	控制对象
I0.1	SB1	启动	Q0.0	KM1	主电源
I0.2	SB2	停止	Q0.1	KM3	星形连接
I1.0	SB3	通信启动开关	Q0.2	KM2	三角形连接
			Q0.3	HL1	通信指示灯

表 12-6 乙站输入输出地址分配表

输入			输出		
输入继电器	输入元件	作　用	输出继电器	控制元件	控制对象
I0.1	SB1	启动	Q0.0	KM1	主电源
I0.2	SB2	停止	Q0.1	KM3	星形连接
			Q0.2	KM2	三角形连接

12.4.3 两台 PLC 通信控制外部接线图

由上述甲站和乙站的输入和输出地址分配表,可知 PLC 控制系统的输入和输出端口接线图。甲站的 PLC 输入和输出端口接线图如图 12-15 所示,乙站的 PLC 输入和输出端口接线图如图 12-16 所示。

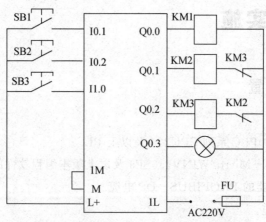

图 12-15 甲站的 PLC 输入和输出端口接线图

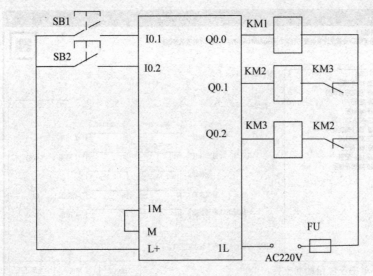

图 12-16　乙站的 PLC 输入和输出端口接线图

12.4.4　两台 PLC 通信控制硬件组态及网络配置

对网络上每一台 PLC，设置其系统块中的通信端口参数，对用作 PPI 通信的端口（PORTO 或 PORTl），指定其地址（站号）和波特率。设置后把系统块下载到该 PLC。具体操作如下。

运行个人计算机上的 STEP7－Micro/WIN V4.0（SP6）程序，打开设置端口界面，如图 12-17 所示。利用 PPI/RS－485 编程电缆单独地把甲机 CPU 系统块里设置端口 0 为 2 号站，波特率为 19.2 kbps，如图 12-18 所示。同样方法设置乙机 CPU 端口 0 为 3 号站，波特率为 19.2 kbps；把系统块下载到相应的 CPU 中。

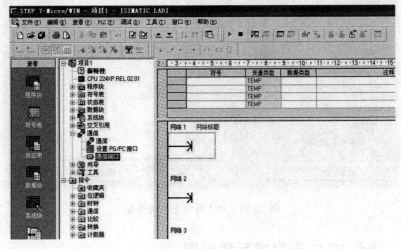

图 12-17　端口设置界面

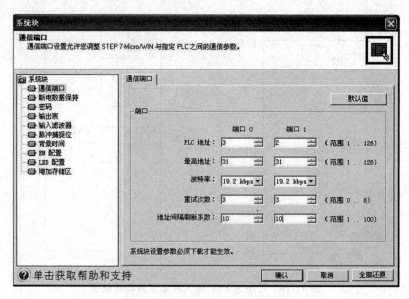

图 12-18　设置通信端口 0 参数

利用网络接头和网络线把两台 PLC 中用作 PPI 通信的端口连接。然后利用编程软件和 PPI/RS-485 编程电缆搜索出 PPI 网络的两个站，如图 12-19 所示。

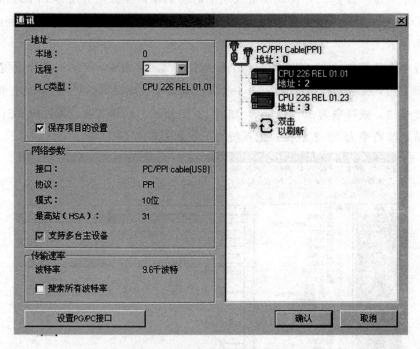

图 12-19　PPI 网络上的两个站

12.4.5　两台 PLC 通信控制梯形图

在 PPI 网络中，只有主站程序中使用网络读写指令来读写从站信息。而从站程序没有必要使用网络读写指令。

　　在编写主站的网络读写程序前，应预先规划好如下数据：主站向各从站发送数据的长度；发送的数据位于主站何处；数据发送到从站的何处；主站从各从站接收数据的长度（字节数）；主站从从站的何处读取数据；接收到的数据放在主站何处。

　　根据以上分析，甲机（1♯主站）的梯形图如图 12-20 所示，乙机（2♯从站）的梯形图如图 12-21 所示。

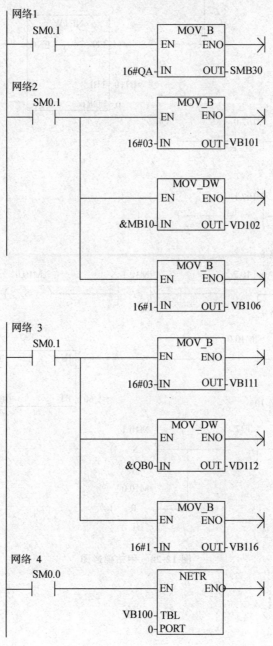

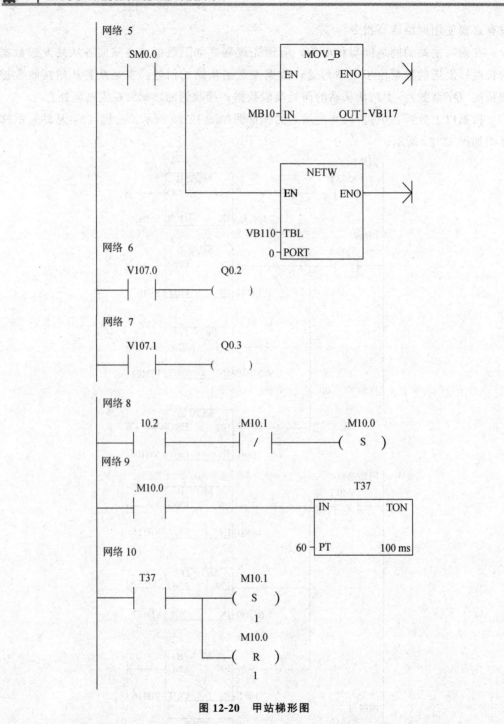

图 12-20 甲站梯形图

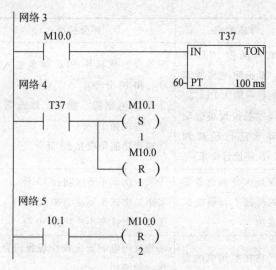

图 12-21 乙站梯形图

12.4.6 程序调试与运行

先进行网络连接，再进行通信端口设置。分别将甲机控制程序输入，下载到甲机；将乙控制程序输入，下载到乙机。接着按下甲机的启动按钮，可以观察到乙机连接的电动机按星形—三角形启动运行，按下甲机的停止按钮，可以观察到乙机控制的电动机停止运行；同样按下乙机的启动按钮，可以观察到甲机连接的电动机按星形—三角形启动运行，按下乙机的停止按钮，可以观察到甲机控制的电动机停止运行。

12.5 任务评价

两台 PLC 通信控制系统程序设计能力与模拟调试能力评价标准如表 12-5 所示。评价的方式可以教师评价、也可以自评或者互评。

表 12-5 两台 PLC 通信控制系统任务评价表

序号	主要内容	考核要求	评分标准	配分	扣分	得分
1	电路及程序设计	①根据控制要求，列出 PLC 输入/输出（I/O）口元器件的地址分配表和设计 PLC 输入/输出（I/O）口的接线图 ②根据控制要求设计 PLC 梯形图程序和对应的指令表程序	①PLC 输入/输出（I/O）地址遗漏或搞错，每处扣 5 分 ②PLC 输入/输出（I/O）接线图设计不全或设计有错，每处扣 5 分 ③梯形图表达不正确或画法不规范，每处扣 5 分 ④接线图表达不正确或画法不规范，每处扣 5 分 ⑤PLC 指令程序有错，每条扣 5 分	40		

（续表）

序号	主要内容	考核要求	评分标准	配分	扣分	得分
2	程序输入及调试	①熟练操作 PLC 键盘，能正确地将所编写的程序输入 PLC ②按照被控设备的动作要求进行模拟调试，达到设计要求	①不会熟练操作 PLC 键盘输入指令，扣 10 分 ②不会用删除、插入、修改等命令，每次扣 10 分 ③缺少功能每项扣 25 分	30		
3	通电试车	在保证人身和设备安全的前提下，通电试车成功	①第一次试车不成功扣 10 分 ②第二次试车不成功扣 20 分 ③第三次试车不成功扣 30 分	30		
4	安全文明生产	①严格按照用电的安全操作规程进行操作 ②严格遵守设备的安全操作规程进行操作 ③遵守 6S 管理守则	①违反用电的安全操作规程进行操作，酌情扣 5～40 分 ②违反设备的安全操作规程进行操作，酌情扣 5～40 分 ③违反 6S 管理守则，酌情扣 1～5 分	倒扣		
备注	除了定额时间外，各项内容的最高分不应超过配分数；每超时 5 min 扣 5 分		合计	100		
定额时间	120 min	开始时间	结束时间	考评员签字	年　月　日	

12.6　知识和能力拓展

12.6.1　知识拓展

1. S7－200 通信部件介绍

S7－200 通信的有关部件，包括：通信口、PC/PPI 电缆、通信卡及 S7－200 通信扩展模块等。

（1）通信端口。S7－200 系列 PLC 内部集成的 PPI 接口的物理特性为 RS－485 串行接口，为 9 针 D 型，该端口也符合欧洲标准 EN50170 中 PROFIBUS 标准。S7－200CPU 上的通信口外形，如图 12-22 所示。

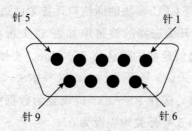

图 12-22　RS－485 串行接口外形

在进行调试时，将 S7－200 与接入网络时，该端口一般是作为端口 1 出现的，作为端口 1 时端口各个引脚的名称及其表示的意义，如表 12-6 所示。端口 0 为所连接的调试设备的端口。

表 12-6　S7－200 通信口各引脚名称

引脚	名称	端口 0/端口 1
1	屏蔽	机壳地
2	24 V 返回	逻辑地
3	RS－485 信号 B	RS－485 信号 B
4	发送申请	RTS（TTL）
5	5 V 返回	逻辑地
6	+5 V	+5 V，100 Ω 串联电阻
7	+24 V	+24 V
8	RS－485 信号 A	RS－485 信号 A
9	不用	10 位协议选择（输入）
连接器外壳	屏蔽	机壳接地

（2）PC/PPI 电缆。用计算机编程时，一般用 PC/PPI（个人计算机/点对点接口）电缆连接计算机与可编程序控制器，这是一种低成本的通信方式。PC/PPI 电缆外型，如图 12-23 所示。

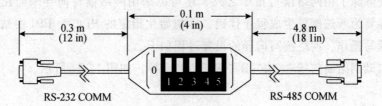

图 12-23　PC/PPI 电缆外型

将 PC/PPI 电缆有"PC"的 RS－232 端连接到计算机的 RS－232 通信接口，标有

"PPI"的 RS-485 端连接到 CPU 模块的通信口，拧紧两边螺丝即可。

PC/PPI 电缆上的 DIP 开关选择的波特率如表 12-7 所示。应与编程软件中设置的波特率一致。初学者可选通信速率的默认值 9600 bps。4 号开关为 1，选择 10 位模式，4 号开关为 0 还是 11 位模式，5 号开关为 0，选择 RS-232 口设置为数据通信设备（DCE）模式，5 号开关为 1，选择 RS-232 口设置为数据终端设备（DTE）模式。未用调制解调器时 4 号开关和 5 号开关均应设为 0。

表 12-7　开关设置与波特率的关系

开关 1，2，3	传输速率/（b/s）	转换时间
000	38 400	0.5
001	19 200	1
010	9 600	2
011	4 800	4
100	2 400	7
101	1 200	14
110	600	28

（3）网络连接器。利用西门子公司提供的两种网络连接器可以把多个设备很容易地连到网络中。两种连接器都有两组螺丝端子，可以连接网络的输入和输出。通过网络连接器上的选择开关可以对网络进行偏置和终端匹配。两个连接器中的一个连接器仅提供连接到 CPU 的接口，而另一个连接器增加了一个编程接口。带有编程接口的连接器可以把 SIMATIC 编程器或操作面板增加到网络中，而不用改动现有的网络连接。编程口连接器把 CPU 的信号传到编程口（包括电源引线）。这个连接器对于连接从 CPU 取电源的设备（例如 TD200 或 OP3）很有用。

2. S7-200 网络读写向导

本节任务除了用网络读写指令之外，还可以采用网络读写向导来简化程序。一旦完成，向导将为所选配置生成程序代码。并初始化指定的 PLC 为 PPI 主站模式，同时使能网络读写操作。网络读写向导的设置过程如下。

（1）启动网络通信指令 NETR/NETW 的向导，如图 12-24 所示。

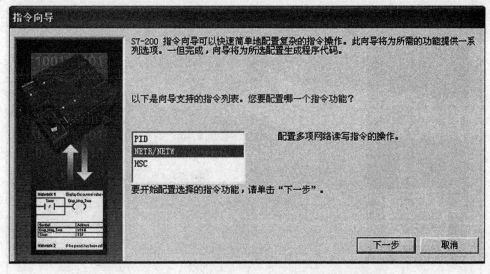

图 12-24 启动网络通信指令 NETR/NETW 的向导

（2）配置网络通信指令 NETR/NETW 的网络读/写操作个数，如图 12-25 所示。

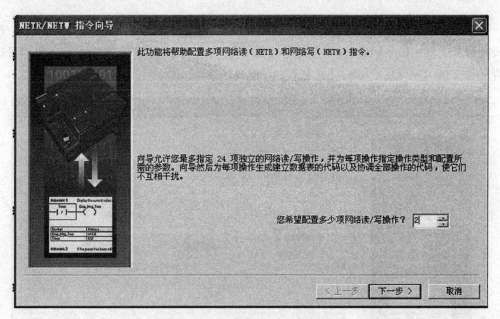

图 12-25 配置网络读/写操作个数

（3）定义通信口和子程序名，如图 12-26 所示，选择 Port0 口作为通信口与其他 PLC 进行通信，并给子程序命名（默认名为 NET-EXE）。

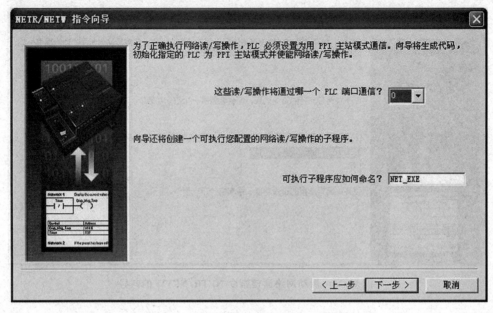

图 12-26　选择通信端口，指定子程序名称

（4）定义网络操作，如图 12-27 和图 12-28 所示，分别设定第一、二项网络读/写操作细节。其中每条网络读/写操作指令最多发送或接受 16 字节的数据，且数据可以存放在 VB、IB、QB、MB、LB 字节型存储器区域中。

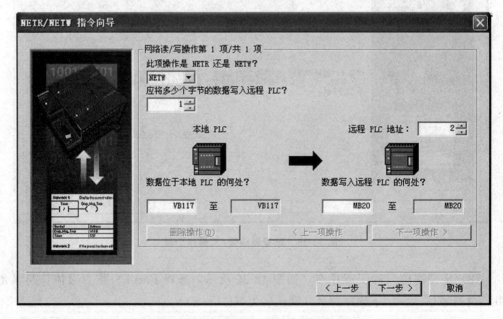

图 12-27　设定第一项网络写操作细节

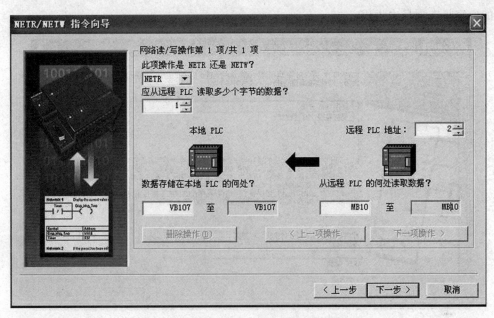

图 12-28　设定第二项网络读操作细节

（5）分配 V 存储区地址，如图 12-29 所示。其中，向导自动为用户提供了 V 区地址空间的建议地址，用户也可以自己定义 V 区地址空间的起始地址。

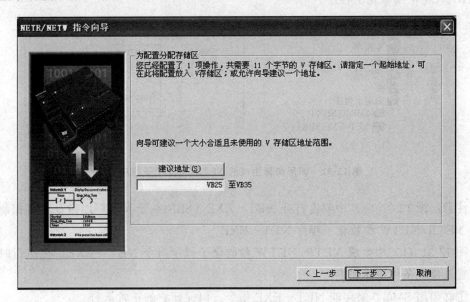

图 12-29　分配存储区地址

注意：要保证用户程序中已经占用的地址、网络操作中读/写区所占用的地址以及此处向导所占用的 V 区地址空间不被重复使用，否则将导致程序不能正常工作。

（6）生成子程序及全局符号表，如图 12-30 所示，最后单击"完成"按钮，上述显示的内容将在项目中生成。

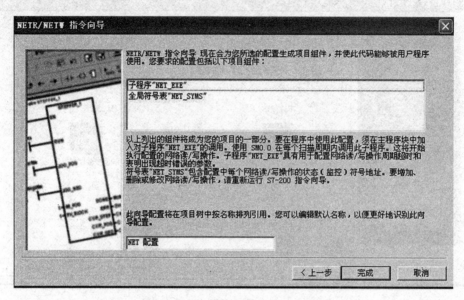

图 12-30　生成子程序及全局变量表

（7）配置完 NETR/NETW 向导后，如图 12-31 所示，在程序中调用向导生成的 NETR/NETW 参数化子程序。

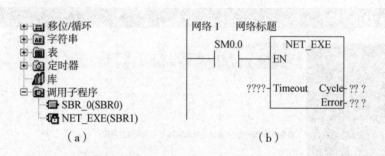

图 12-31　调用向导生成的 NETR/NETW 子程序

注意：图 12-31（a）中双击打开 NET－EXE（SBRl）子程序调用指令，将控制转换给 NETR/NETW 参数化子程序 NET－EXE。

图 12-31（b）中生成 NETR/NETW 参数化子程序指令 NET－EXE，在执行时其参数置及使能条件描述如下。

①必须用 SM0.0 来使能 NET－EXE 指令，以保证它的正常运行。

②Timeout：设置的通信超时时限，0 表示不延时；1～32767 表示以秒为单位的超时延时时间。

③Cycle：周期参数，此参数在每次所有网络操作完成时切换其开关量状态。

④Error：错误参数，0＝无错误；1＝错误。

12.6.2　能力拓展

1. 控制要求

两盏灯点亮控制系统可以完成 PLC 与 PLC 之间的彩灯显示控制，其结构如图 12-32 所示，其中，L1. L2 显示由 PLC1 控制，L3. L4 显示由 PLC2 控制。

系统得电后，彩灯以 1S 的时间间隔按照 L1. L3－L2. L4－L1. L3……交替循环显示，其中 L1 驱动 L3 点亮，其中 L2 驱动 L4 点亮。

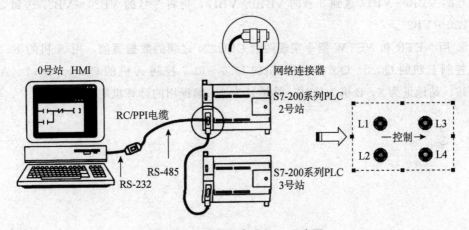

图 12-32　两盏灯点亮 PLC 示意图

2. 操作过程

（1）元件选型：由于本任务较为简单，所需的 I/O 点数较少，考虑使用小型的 PLC。

设备选择如下：S7－200 CPU 224 一台，上位机及通信电缆，启动按钮和停止按钮一个，指示灯 4 只，连接线若干。

（2）列出控制系统 I/O 地址分配表，绘制 I/O 接口线路图。根据线路图连接硬件系统。

（3）根据控制要求，设计梯形图程序。

（4）编写、调试程序。

（5）运行控制系统。

（6）汇总整理文档，保留工程资料。

12.7　思考与练习

1. 如何进行以下通信设置，要求：从站设备地址为 4，主站地址为 0，用 PC/PPI 电缆连接到本计算机的 COM2 串行口，传送速率为 9.6 kb/s，传送字符格式为默认值。

2. 有两台 PLC 采用主从通信方式，要求在主站中用 I0.1 作为输入信号建立一个字节加一指令，送给从站的输出口显示出来，同时在主站中也累计变化过程，当累加到 6 时，主站再给从站一个信号，从站接到这个信号后用自己的输入信号 I0.0 发给主站输出口点动信号。

3. 电动机起停 PLC 控制：电动机 M 连接在 PLC2 的输出端口，要求由 PLC1 控制其起停。

4. 用网络读写指令实现两个 CPU 模块之间的数据通信、设计 PLC 的通信程序，将 2 号的 VB10～VB17 送到 3 号的 VB10～VB17，再将 3 号的 VB20～VB27 送到 2 号的 VB20～VB27。

5. 用 NETR 和 NETW 指令实现两台 CPU224 之间的数据通信，用 A 机的 I0.0～I0.7 控制 B 机的 Q0.0～Q0.7，用 B 机的 I0.0～I0.7 控制 A 机的 Q0.0～Q0.7。A 机为主站，站地址为 2，B 机为从站，站地址为 3，编程用的计算机的站地址为 0。

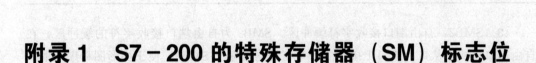

附　　录

附录 1　S7 - 200 的特殊存储器（SM）标志位

特殊存储器提供大量的状态和控制功能，用来在 CPU 和用户程序之间交换信息，特殊存储器能以位、字节、字或双字的方式使用。

（1）SMB0：系统状态位。各位的作用作用如附表 1-1 所示，在每个扫描周期结束时，由 CPU 更新这些位。

附表 1-1　特殊存储器字节 SMB0

SM 位	描述
SM0.0	该位始终为 1
SM0.1	该位在首次扫描时为 1
SM0.2	若保持数据丢失，则该位在一个扫描周期中为 1
SM0.3	开机后进入 RUN 方式，该位将接通一个扫描周期
SM0.4	该位提供周期为 1 min，占空比为 50% 的时钟脉冲
SM0.5	该位提供周期为 1 s，占空比为 50% 的时钟脉冲
SM0.6	该位为扫描时钟，本次扫描时置 1，下次扫描时置 0
SM0.7	该位指示 CPU 工作方式开关的位置（0 为 TERM 位置，1 为 RUN 位置）。在 RUN 位

（2）SMB1：错误提示。SMB1 包含了各种潜在的错误提示，这些位因指令的执行被置位或复位如附表 1-2 所示。

附表 1-2　错误提示（SMB1）

SM 位	描述
SM1.0	指令执行的结果为 0 时该位置 1

（续表）

SM 位	描述
SM1.1	执行指令的结果溢出或检测到非法数值时该位置 1
SM1.2	执行数学运算的结果为负数时该位置 1
SM1.3	除数为零时该位置 1
SM1.4	试图超出表的范围执行 ATT（Add）
SM1.5	执行 LIFO、FIFO 指令时，试图从空表中读数该位置 1
SM1.6	试图把非 BCD 数转换为二进制数时该位置 1
SM1.7	ASCII 数值无法被转换成有效的十六进制数值时，该位置 1

（3）SMB2：自由端口接收字符缓冲区。SMB2 为自由端口接收字符的缓冲区，在自由端口模式下从口 0 或口 1 接收的每个字符均被存于 SMB2，便于梯形图程序存取。

（4）SMB3：自由端口奇偶校验错误。接收到的字符有奇偶校验错误时，SM3.0 被置 1，根据该位来丢弃错误的信息。SM3.1～SM3.7 位保留。

（5）SMB4：队列溢出（只读）。SMB4 包含中断队列溢出位、中断允许标志位和发送空闲位如附表 1-3 所示。队列溢出表示中断发生的速率高于 CPU 处理的速率，或中断已经被全局中断禁止指令关闭。只在中断程序中使用状态位 SM4.0、4.1 和 4.2，队列为空并且返回主程序时，这些状态位被复位。

附表 1-3　中断允许、队列溢出、发送空闲标志位（SMB4）

SM 位	描述	SM 位	描述
SM4.0	通信中断队列溢出时该位置 1	SM4.4	全局中断允许位。允许中断时该位置 1
SM4.1	I/O 在中断队列溢出时该位置 1	SM4.5	端口 0 发送空闲时该位置 1
SM4.2	定时中断队列溢出时该位置 1	SM4.6	端口 1 发送空闲时该位置 1
SM4.3	运行时刻发现编程问题时该位置 1	SM4.7	发生强制时该位置 1

（6）SMB5：I/O 错误状态。I/O 错误状态如附表 1-4 所示。

附表 1-4　I/O 错误状态位（SMB5）

SM 位	描述
SM5.0	有 I/O 错误时该位置 1
SM5.1	I/O 总线上连接了过多的数字量 I/O 点时该位置 1
SM5.2	I/O 总线上连接了过多的模拟量 I/O 点时该位置 1
SM5.3	I/O 总线上连接了过多的智能 I/O 点时该位置 1
SM5.4～SM5.6	保留
SM5.7	当 DP 标准总线出现错误时该位置 1

（7）SMB6：CPU 标识（ID）寄存器。CPU 识别（ID）寄存器（SMB6）如附表 1-5 所示。

附表 1-5　CPU 识别（ID）寄存器（SMB6）

SM 位	描述	
格式	MSB7　　　　　　　　　　　　　　　　　　　LSB0 | X | X | X | X | | | | |	
SM6.4～SM6.7	xxxx： CPU212/CUP222 0000 CPU214/CPU224 0010 CPU221 0110 CPU215 1000 CPU216/CPU226 1001 保留	
SM6.0～SM6.3	保留	

（8）SMB8～SMB21：I/O 模块标识与错误寄存器。SMB8～SMB21 以字节对的形式用于 0～6 号扩展模块。偶数字节是模块标识寄存器，用于标记模块的类型、I/O 类型、输入和输出的点数。奇数字节是模块错误寄存器，提供该模块 I/O 的错误，如附表 1-6 所示。

附表 1-6　I/O 模块标识与错误寄存器（SMB8～SMB21）

SM 位	描述	
格式	偶数字节：模块识别（ID）寄存器 MSB LSB 7 0 | M | t | t | A | i | i | Q | Q | M：模块存在，0＝有，1＝无 tt：00＝非智能 I/O，01＝智能 I/O 10＝保留，11＝保留 A：I/O 类型，0＝开关量，1＝模拟量 ii：00＝无输入，10＝4AI 或 16DI 01＝2AI 或 8DI，11＝8AI 或 32DI QQ：00＝无输入，10＝4AQ 或 16DQ 01＝2AQ 或 8DQ，11＝8AQ 或 32DQ	奇数字节：模块错误寄存器 MSB　　LSB 7　　　0 | C | o | o | b | r | p | f | t | C：配置错误 b：总线错误或校验错误 r：超范围错误 p：无用户电源错误 f：熔断器错误 t：端子块松动错误
SMB8～SMB9	模块 0 标识（ID）寄存器和模块 0 错误寄存器	
SMB10～SMBll	模块 1 标识（ID）寄存器和模块 1 错误寄存器	

（续表）

SM 位	描述
SMB12~SMB13	模块 2 标识（ID）寄存器和模块 2 错误寄存器
SMB14~SMB15	模块 3 标识（ID）寄存器和模块 3 错误寄存器
SMB16~SMB17	模块 4 标识（ID）寄存器和模块 4 错误寄存器
SMB18~SMB19	模块 5 标识（ID）寄存器和模块 5 错误寄存器
SMB20~SMB21	模块 6 标识（ID）寄存器和模块 6 错误寄存器

（9）SMW22~SMW26：扫描时间。SMW22~SMW26 中是以 ms 为单位的最短扫描时间、最长扫描时间与上一次扫描时间如附表 1-7 所示。

附表 1-7　扫描时间

SM 位	描述
SMW22	上次扫描时间
SMW24	进入 RUN 方式后，所记录的最短扫描时间
SMW26	进入 RUN 方式后，所记录的最长扫描时间

（10）SMB28 和 SMB29：模拟电位器。SMB28 和 SMB29 中的数字分别对应于模拟电位器 0 和模拟电位器 1 动触点的位置（只读）。在 STOP/RUN 方式下，每次扫描时更新该值。

（11）SMB30 和 SMB130：自由端口控制寄存器。用于设置通信的波特率和奇偶校验等，并提供选择自由端口方式或使用系统支持的 PPI 通信协议，可以对它们读或写。

（12）SMB31 和 SMB32：EEPROM 写控制。在用户程序的控制下，将 V 存储器中的数据写入 EEPROM，可以永久保存。执行此功能时，先将要保存的数据的地址存入 SMW32，然后将写入命令存入 SMB31 中（见附表 1-8）。一旦发出存储命令，直到 CPU 完成存储操作后将 SM31.7 置为 0 之前，都不能改变 V 存储器的值。在每一扫描周期结束时，CPU 检查是否有向 EEPROM 区保存数值的命令。如果有，则将该数据存入 EEPROM。

附表 1-8　特殊存储器字节（SMB31~SMB32）

SM 位	描述	
格式	SMB31：软件命令 MSB LSB	SMB32：V 存储器地址 MSB LSB 15 0
SM31.0 和 SM31.1	ss：被存储数的数据类型，00＝字节，01＝字节，10＝字，11＝双字	

（续表）

SM 位	描述
SM31.7	c：存入 EEPROM，0＝没有存储数据的请求，1＝用户程序申请向 EEPROM 写入数据，每次操作完成后，由 CPU 将该位复位
SMW32	SMW32 提供 V 存储器中被存储数据相对于 V0 的偏移地址，执行存储命令时，把该数据存到 EEPROM 中相应的位置

（13）SMB34 和 SMB35：定时中断的时间间隔寄存器。SMB34 和 SMB35 分别定义了定时中断 0 与定时中断 1 的时间间隔，单位为 ms，可以指定为 1～255ms。若为定时中断事件分配了中断程序，CPU 将在设定的时间间隔执行中断程序。

要想改变定时中断的时间间隔，必须将定时中断事件重新分配给同一个或另外的中断程序。可以通过撤销中断事件来终止定时中断事件。

（14）SMB36～SMB62：HSC0，HSC1 和 HSC2 寄存器。SMB36～SMB62 用于监视和控制高速计数器 HSC0～HSC2。

（15）SMB66～SMB85（PTO/PWM 寄存器）。用于控制和监视脉冲输出（PTO）和脉宽调制（PWM）功能。

（16）SMB86 和 SMB94：端口 0 接收信息控制。

（17）SMB98：扩展总线错误计数器。当扩展总线出现校验错误时加 1。系统得电或用户写入零时清零，SMB98 是最高有效字节。

（18）SMB130：自由端口 1 控制寄存器。见 SMB30。

（19）SMB136～SMB165：高速计数器寄存器。用于监视和控制高速计数器 HSC3～HSC5 的操作（读/写）。

（20）SMB166～SMB185PT01 包络定义表。

（21）SMB186～SMB194：端口 1 接收信息控制。

（22）SMB200～SMB549 智能模块状态。SMB200～SMB549 预留给智能扩展模块（例如 EM277 PROFIBUS－DP 模块）的状态信息。

SMB200～SMB249 预留给系统的第一个扩展模块（离 CPU 最近的模块），SMB250～SMB299 预留给第二个智能模块。

附录 2　S7 - 200 PLC 指令集

LD	N	装载
LDN	N	取反后装载
A	N	与
AN	N	取反后与
O	N	或
ON	N	取反后或
NOT		栈顶值取反
EU		上升沿检测
ED		下降沿检测
S	S_BIT, N	置位一个区域
R	S_BIT, N	复位一个区域
=	N	赋值（输出）
ADD	IN1, OUT	加法
SUB	IN1, OUT	减法
MUL	IN1, OUT	乘法
DIV	IN1, OUT	除法
SQRT	IN1, OUT	平方根
INC	OUT	整数递增
DEC	OUT	整数递减
PID	Table, loop	比例/积分/微分回路控制
SHRB	DATA, S_BIT, N	移位寄存器
SRB	OUT, N	字节右移 N 位
SLB	OUT, N	字节左移 N 位
RRB	OUT, N	字节循环右移 N 位
RLB	OUT, N	字节循环左移 N 位
TON	Txxx, TP	通电延时定时器
TOF	Txxx, TP	断电延时定时器
CTU	Cxxx, PV	加计数器
CTD	Cxxx, PV	减计数器
END		程序的条件结束
STOP		切换到 STOP 模式
WDR		看门狗复位 300ms
JMP	N	跳到指定的标号
LBL	N	指令标记跳转目的地（n）的位置

（续表）

CALL	N	调用子程序，可以优 16 个可选参数
SBR	N	定义被调用的子程序
CRET		子程序条件返回
RET		子程序无条件返回
FOR－NEXT		循环指令
MOVE	IN，OUT	传送指令
SWAP	IN	字节交换
FILL		内存填充
BCDI	OUT	BCD 码转换为整数
IBCD	OUT	整数转换为 BCD 码
DTR	IN，OUT	双整数转换为实数
ITD	IN，OUT	整数转换为双整数
BTI	IN，OUT	字节转换为整数
ITB	IN，OUT	整数转换为字节
ROUND	IN，OUT	四舍五入取整
TRUNC	IN，OUT	取整指令
SEG	IN，OUT	段码指令
DECO	IN，OUT	译码指令
ENCO	IN，OUT	编码指令
CRETI		中断条件返回
ATCH		中断连接
ENI		全局中断允许
DISI		全局中断禁止
XMT	TABLE，PORT	发送
RCV	TABLE，PORT	接收
NETR	TABLE，PORT	网络读
NETW	TABLE，PORT	网络写
HDEF	HSC，MODE	高速计数器定义
HSC	N	高速计数器
PLC	X	脉冲输出
ALD		电路块串联
OLD		电路块并联
SLCR		顺控继电器段的启动
SLCT	N	顺控继电器段的转换
SLCE	N	顺控继电器段的结束

参考文献

［1］史宜巧，侍寿永．PLC 应用技术［M］．北京：高等教育出版社，2016．

［2］西门子（中国）有限公司．深入浅出西门子 S7－200PLC［M］．北京：北京航空航天大学出版社，2015．

［3］张志柏，秦益霖．PLC 应用技术［M］．北京：高等教育出版社，2015．

［4］史宜巧，侍寿永．PLC 技术及应用项目教程［M］．2 版．北京：机械工业出版社，2014．

［5］李言武．可编程控制技术［M］．北京：北京邮电大学出版社，2014．

［6］西门子公司．S7－200PLC 可编程序控制器产品目录，2014．

［7］廖常初．PLC 编程与应用［M］．3 版．北京：机械工业出版社，2008．